瘤牛抗病力分子机制研究

陈善元 主编

U0263551

科学出版社

北京

内 容 简 介

　　抗病育种是增强家养动物天然免疫力和抗病力的重要途径。本书围绕分子遗传学的中心法则，从候选基因、DNA 甲基化、microRNA、蛋白质组学 4 个层面来解析瘤牛抗病力的分子机制，为培育抗病力强的家牛新品种提供科学依据和关键技术支撑。

　　本书可供生命科学、农学、动物医学等相关专业的学生、教师阅读，也可供从事生物学相关研究的科研人员参考。

图书在版编目（CIP）数据

瘤牛抗病力分子机制研究/陈善元主编. —北京：科学出版社，2020.3
ISBN 978-7-03-064497-8

Ⅰ. ①瘤… Ⅱ. ①陈… Ⅲ. ①牛–抗病性–分子机制–研究 Ⅳ. ①S852.65

中国版本图书馆 CIP 数据核字(2020)第 031173 号

责任编辑：王海光 王 好 付丽娜 / 责任校对：严 娜
责任印制：吴兆东 / 封面设计：刘新新

科 学 出 版 社 出版
北京东黄城根北街 16 号
邮政编码：100717
http://www.sciencep.com

北京虎彩文化传播有限公司 印刷
科学出版社发行 各地新华书店经销
＊

2020 年 3 月第 一 版 开本：B5 (720×1000)
2020 年 3 月第一次印刷 印张：9
字数：175 000

定价：128.00 元
(如有印装质量问题，我社负责调换)

《瘤牛抗病力分子机制研究》
编写委员会

前　　言

　　普通牛（*Bos taurus*）和瘤牛（*Bos indicus*）为家牛的两个组成类型，传统分类上把二者分为两个种或亚种。前者也称无峰牛（humpless cattle），其典型代表是世界著名的奶牛品种——荷斯坦牛（Holstein cattle）；后者也称高峰牛（humped cattle），其典型代表是世界著名的肉牛品种——婆罗门牛（Brahman cattle）。近年来，随着全球人口增长及对动物蛋白需求的持续增加，奶牛和肉牛养殖规模不断扩大、饲养密度不断增加，从而潜在地增加了疫病暴发和传染的风险。在奶牛和肉牛生产实践中，为了保障动物个体健康，除常规注射动物疫苗外，还常滥用抗生素，进而导致抗生素抗药性的产生及药物残留。由抗生素等药物使用不当引起的牛奶和牛肉食品安全问题已成为事关人们健康与社会稳定的重大社会问题。虽然动物疫苗的大力推广和使用可降低抗生素抗药性的产生，但并没有解决药物残留的问题。因此，要从源头上解决上述问题，增强奶牛与肉牛天然免疫力或抗病力是人们关注和迫切需要解决的重要科学问题。

　　作者近 10 年来一直立足于家养动物及其近缘物种的遗传多样性、起源与进化、基因组学、转录组学与蛋白质组学等方面的研究，尤其重点探索了家牛抗病力的分子机制，并积累了一定成果。本书围绕分子遗传学的中心法则，从候选基因、DNA 甲基化、microRNA、蛋白质组学层面来解析瘤牛抗病力的分子机制，可为培育抗病力强的家牛新品种提供科学依据和关键技术支撑。

　　本书分为六章。第 1 章为家牛品种资源概况；第 2 章为候选基因、DNA 甲基化、microRNA 与蛋白质组学简况，包括 Toll 样受体家族与 RLR 家族中的部分候选基因、DNA 甲基化概况与应用、microRNA 概况及其在家牛中的应用，以及蛋白质组学在家牛疫病方面的研究进展及其在家畜研究中的应用；第 3 章为候选基因序列变异与普通牛和瘤牛间抗病力差异分析，包括 Toll 样受体家族与 RLR 家族中的部分基因序列变异分析；第 4 章为基于全基因组重亚硫酸盐测序的普通牛与瘤牛的 DNA 甲基化差异分析，包括甲基化图谱、差异甲基化分析、基因本体（GO）功能分析与京都基因和基因组数据库（KEGG）通路分析等；第 5 章为普通牛和瘤牛肝、脾组织中 microRNA 的鉴定及差异表达分析，包括已知 miRNA 和新miRNA 的差异表达分析、差异表达已知 miRNA 的靶基因预测与功能富集分析和反转录定量 PCR（RT-qPCR）验证 miRNA 的表达分析等；第 6 章为普通牛和瘤牛肝、脾组织的比较蛋白质组学研究，包括普通牛和瘤牛肝、脾组织蛋白质的质谱结果，差异蛋白分析，以及蛋白质 GO 功能注释分析和 KEGG 通路分析、参与原虫疾病通路的差异蛋白分析、平行反应监测（PRM）验证差异蛋白的结果分析。

本书编写分工如下：第 1 章由陈善元、李蓉编写；第 2 章由陈善元、李蓉、陈艳艳、杨阳、段昕好、刘合松、闫海亚编写；第 3 章由陈善元、杨阳、陈艳艳、李蓉、肖蘅编写；第 4 章由陈善元、段昕好、李蓉编写；第 5 章由陈善元、刘合松、李蓉编写；第 6 章由陈善元、闫海亚、李蓉编写。全书由陈善元统稿，陈善元、李蓉负责审校。

本书涉及的研究工作得到了国家自然科学基金、云南省"百名海外高层次人才引进计划"项目、云南省"万人计划"青年拔尖人才专项及云南大学引进人才科研启动资金的资助，在此一并致谢。感谢云南农业大学刘学洪教授对采样工作的大力支持及馈赠本书封面照片。

生命科学和生物信息学及其相关技术仍在不断发展与更新，本书只是从候选基因、DNA 甲基化、microRNA 和蛋白质组学 4 个层面对普通牛与瘤牛抗病力差异的分子遗传基础进行了解析，难免存在不足，敬请各位读者提出宝贵意见。

陈善元

2019 年 6 月

目　　录

第1章 家牛品种资源概况

据《中国畜禽遗传资源志：牛志》介绍，家牛大约在 8000 年前被人类驯化成家养的哺乳类牛科（Bovidae）牛属（*Bos*）动物，其祖先为原牛（*Bos primigenius*）（国家畜禽遗传资源委员会，2011）。家牛作为当今社会重要的农业动物之一，在农业、肉类食品产业中有着毋庸置疑的地位。家牛由普通牛（*Bos taurus*）和瘤牛（*Bos indicus*）两个类型组成。普通牛和瘤牛作为家养动物，其遗传差异具有一定特殊性，二者虽拥有同样的祖先，但也具有明显的表型差异，且普通牛和瘤牛之间尚未完全建立生殖隔离机制，二者间的杂交后代无论公母均可育，两个类型的牛仍处于进化期，还未完全分化为两个种或亚种。普通牛也称无峰牛（humpless cattle），其典型代表是世界著名的奶牛品种——荷斯坦牛（Holstein cattle），起源于近东地区（Troy et al.，2001），普通牛由近东地区向全世界范围扩散，这也是普通牛遍布世界的原因之一。瘤牛也称高峰牛（humped cattle），其典型代表是世界著名的肉牛品种——婆罗门牛（Brahman cattle），考古学和遗传学的证据表明，世界瘤牛起源于印度次大陆的北部地区（Chen et al.，2010），瘤牛的扩散模式是由印度次大陆向东和西两个方向扩散的。普通牛和瘤牛在二者交汇地带进行了品种杂交、群体融合，使得二者拥有了丰富的表型多样性和基因组多样性。

普通牛和瘤牛作为世界家牛的两种类型，历经长时间的自然选择和人工选择，二者除在表型上具有明显的差异外，对多种动物疫病的抗病力也存在明显的差异。

1.1 普通牛和瘤牛的外形差异

普通牛的典型代表——荷斯坦牛，体质结实，结构匀称，肋骨间距宽，毛色以黑白花或红白花相间为主，且腹下、四肢膝关节以下都呈白色。瘤牛外形相对于普通牛最明显的差异在于背颈部隆起的驼峰、颈腹部发达的肉垂、松弛的皮肤、耷拉的耳朵等，详见图1.1。瘤牛（公）上额较宽，牛头较短，耳大且平伸，体色呈灰白，全身体毛短细且密，肌肉发达，体型结实丰满。颈部有垂皮从下颌后端延伸至胸部，鬐甲前上方有一个形似驼峰的瘤状突起，高10～15cm，详见图1.1（右）。瘤牛母牛的肉峰常低于公牛的肉峰（曾养志，1984）。

普通牛（*Bos taurus*）　　　　　　　　瘤牛（*Bos indicus*）

图 1.1　普通牛和瘤牛的外形特征

1.2　普通牛和瘤牛的抗病力差异

普通牛不耐湿热，主要分布于温带地区；瘤牛耐湿热，主要分布于热带及亚热带地区，并且二者对多种动物疫病的抗病力存在明显差异（曾本娟等，2017）。例如，普通牛比瘤牛对锥虫病（trypanosomiasis）有更强的抗病力（Mattioli et al.，2000）；瘤牛比普通牛对泰勒虫病（theileriasis）和蜱虫感染（tick infection）有更强的抗病力（Jensen et al.，2008；Glass et al.，2012；Jonsson et al.，2014；Franzin et al.，2017）；非洲的瘤牛对牛瘟（rinderpest）有一定的抗病力，而欧洲的普通牛则对牛瘟易感（Spinage，2003）；瘤牛感染焦虫病后的临床抗病力比普通牛更强（Ndungu et al.，2005；Jonsson et al.，2008）。显然，不同家牛品种间天然抗病力差异的背后一定有其遗传基础，而目前关于瘤牛抗病力的分子遗传基础却知之甚少。

参 考 文 献

国家畜禽遗传资源委员会. 2011. 中国畜禽遗传资源志: 牛志. 北京: 中国农业出版社.
曾本娟, 李蓉, 肖蘅, 等. 2017. 家养牛品种间抗病力差异的分子遗传基础研究进展. 畜牧兽医学报, 48: 193-200.
曾养志. 1984. 云南瘤牛. 畜牧兽医学报, 15: 217-222.
Chen S, Lin B Z, Baig M, et al. 2010. Zebu cattle are an exclusive legacy of the South Asia Neolithic. Molecular Biology and Evolution, 27: 1-6.
Franzin A M, Maruyama S R, Garcia G R, et al. 2017. Immune and biochemical responses in skin differ between bovine hosts genetically susceptible and resistant to the cattle tick *Rhipicephalus microplus*. Parasites & Vectors, 10: 51.
Glass E J, Crutchley S, Jensen K. 2012. Living with the enemy or uninvited guests: Functional genomics approaches to investigating host resistance or tolerance traits to a protozoan parasite, *Theileria annulata*, in cattle. Veterinary Immunology and Immunopathology, 148: 178-189.
Jensen K, Paxton E, Waddington D, et al. 2008. Differences in the transcriptional responses induced by *Theileria annulata* infection in bovine monocytes derived from resistant and susceptible cattle

breeds. International Journal for Parasitology, 38: 313-325.

Jonsson N N, Bock R E, Jorgensen, W K. 2008. Productivity and health effects of anaplasmosis and babesiosis on *Bos indicus* cattle and their crosses, and the effects of differing intensity of tick control in Australia. Veterinary Parasitology, 155: 1-9.

Jonsson N N, Piper E K, Constantinoiu C C. 2014. Host resistance in cattle to infestation with the cattle tick *Rhipicephalus microplus*. Parasite Immunology, 36: 553-559.

Mattioli R C, Pandey V S, Murray M, et al. 2000. Immunogenetic influences on tick resistance in African cattle with particular reference to trypanotolerant N'Dama (*Bos taurus*) and trypanosusceptible Gobra zebu (*Bos indicus*) cattle. Acta Tropica, 75: 263-277.

Ndungu S G, Brown C G, Dolan T T. 2005. *In vivo* comparison of susceptibility between *Bos indicus* and *Bos taurus* cattle types to *Theileria parva* infection. Onderstepoort Journal of Veterinary Research, 72: 13-22.

Spinage C A. 2003. Cattle Plague: A History. New York: Springer Publishing.

Troy C S, Machugh D E, Bailey J F, et al. 2001. Genetic evidence for Near-Eastern origins of European cattle. Nature, 410: 1088.

第 2 章　候选基因、DNA 甲基化、microRNA
与蛋白质组学简况

2.1　候选基因

增强普通牛和瘤牛的抗病力可以提高奶肉质量与产率，一些关键基因控制着体液免疫和细胞免疫功能，人们通过相关研究逐渐认识到这些基因的生物功能或序列，这类基因称为牛抗病力研究的候选基因（candidate gene）。例如，牛主要组织相容性复合体白细胞抗原（BoLA）基因、Toll 样受体（Toll-like receptor，TLR）基因、RIG-Ⅰ样受体（RIG-Ⅰ-like receptor，RLR）基因、肿瘤坏死因子（tumor necrosis factor，TNF）基因等。通常这类基因变异率较高，其多态性对家牛不同品种间的抗病力差异起着关键作用。随着现代分子生物学技术的不断发展，人们可以直接从 DNA 水平上采用候选基因关联分析（candidate gene association study）进行疫病与候选基因变异的研究；同时，结合 PCR-RFLP 技术研究其免疫保护途径或病理学知识等潜在的复杂特征（曾本娟等，2017）。以下主要介绍与本研究相关的一些重要候选基因。

2.1.1　Toll 样受体家族

2.1.1.1　Toll 样受体的发现与分类

从秀丽隐杆线虫到哺乳动物，Toll 样受体在进化上是保守的（Janeway and Medzhitov，2002；Hoffmann，2003；Beutler，2004；Kawai and Akira，2011）。Hoffmann（2003）发现用细菌或真菌去感染 Toll 样受体突变的果蝇，这些突变个体会死亡，从而得出 Toll 样受体所编码的产物在识别且激发免疫反应去消灭病原微生物的过程中起到了重要作用。随后人们陆续在人类、动植物体内发现了类似于果蝇 Toll 样受体及其通路的存在，这一类受体被称为 TLR。

从免疫学、临床医学、流行病学、遗传学等多学科角度出发，所有天然免疫受体家族中 Toll 样受体家族是研究最为系统的一个家族，其能识别广泛的病原体相关分子模式（pathogen associated molecular pattern，PAMP），并且具有最充分表征（Hoffmann，2003；Beutler et al.，2006；Uematsu and Akira，2006；Medzhitov，2007）。因此，从识别病毒引起免疫反应的角度出发，Toll 样受体是最好的研究对象（Yamamoto et al.，2004；Kawai and Akira，2007a，2007b；Casanova et al.，2011）。对人类进化动力学系统的分析显示，选择压力的存在促进了 Toll 样受体这类模式识别受体（PRR）的演变（Ferrer-Admetlla et al.，2008；Barreiro et al.，2009）。近年来，Toll 样受体的研究在人与小鼠中取得了重要突破（王德成等，2008），在人和小鼠中分别发现了 10 种、12 种与功能相关的 TLR。此外，在家牛中也发现了 9 种 TLR。

根据细胞上的亚定位、配体的特异性与表达部位的不同，将 TLR 分为两类。第一类是位于细胞表面的 TLR，分别是 TLR1、TLR2、TLR4、TLR5、TLR6，通常用于监测识别存在于病原体中的磷脂、脂肽、鞭毛蛋白。第二类是表达于细胞质内和内吞溶酶体膜中的 TLR，主要包括 TLR3、TLR7、TLR8、TLR9，用来识别来自病毒的核酸（Uematsu and Akira，2006）。研究表明，胞内 TLR 比细胞膜相关的 TLR 受到更强的进化选择（Netea and Brown，2012）。TLR 和 RLR 家族成员的定位、配体、接头蛋白与配体来源的详细信息如表 2.1 所示。

表 2.1 Toll 样受体与 RIG- I 样受体家族成员的定位、配体、接头蛋白
与配体来源信息（Akira et al.，2006；Takeuchi and Akira，2010）

	受体	定位	配体	接头蛋白	配体来源
TLR	TLR1	质膜	triacy 脂蛋白	MyD88	细菌
	TLR2	质膜	脂蛋白	MyD88	细菌、病毒、寄生虫、自体
	TLR3	内吞溶酶体	双链 RNA	TRIF	病毒
	TLR4	质膜	脂多糖	MyD88、TRIF	细菌、病毒、自体
	TLR5	质膜	鞭毛蛋白	MyD88	细菌
	TLR6	质膜	diacyl 脂蛋白	MyD88	细菌、病毒
	TLR7	内吞溶酶体	单链核糖核酸	MyD88	病毒、细菌、自体
	TLR8	内吞溶酶体	单链核糖核酸	MyD88	病毒、细菌、自体
	TLR9	内吞溶酶体	吟二核苷酸	MyD88	病毒、细菌、原生动物
	TLR10	质膜			
	TLR11	质膜	抑制蛋白	MyD88	原生动物
RLR	RIG- I	细胞质	短双链 RNA	VISA、MITA	RNA 病毒、DNA 病毒
	MDA5	细胞质	长双链 RNA	VISA、MITA	RNA 病毒
	LGP2	细胞质	—	VISA、MITA	RNA 病毒

2.1.1.2 Toll 样受体的结构

TLR 是 I 型跨膜受体，由富含亮氨酸重复片段（leucine-rich repeat，LRR）的配体结合域、一个单独的跨膜区域、细胞溶质 TIR 结构域（Toll/inter-leukin-1 receptor domain）构成。其中 LRR 和一个细胞溶质结构域与白细胞介素-1 受体（IL-1R）同源，称为 Toll/IL-1R 同源性（TIR）结构域（Bowie and O'Neill，2000）。在哺乳动物中，TLR 通过 LRR 识别不同的病原体相关模式分子。LRR 结构域长度为 24～29 个氨基酸，每个 LRR 结构域包含一个 β 链与 α 螺旋，TLR 的 LRR 结构域会形成一个 U 形结构将配体绑定到凹面结构表面。在人类 TLR3 的 LRR 基序三维结构中发现其中带负电荷的dsRNA更倾向于结合到 TLR3 的外表凸面中（Choe et al.，2005）。当 TLR 识别它们各自的 PAMP 之后，不同的 TLR 启动它们各自的免疫反应通路来对抗病原体的入侵（Kawai and Akira，2010），如髓样分化因子 88（myeloid differentiation factor 88，MyD88）、TRIF（TIR-domain containing adaptor protein inducing IFN-beta）、TRAM（TRIF-related adaptor molecule）（Kawai and Akira，2010）。在 TLR 家族所有成员中，TLR4 是唯一一个可以同时通过使用 MyD88 与 TRIF 来启动后续级联反应的 TLR（Mogensen，2009）。TLR3 通过 TRIF 来引发下游信号，其余的 TLR 都是通过 MyD88 来引发下游信号的。由 TLR 介导的 MyD88 与 TRIF 通路可以引导产生炎症性细胞因子与 I 型干扰素，而趋化因子与抗微生物肽的分泌可直接杀伤导致感染的病原体（Kawai and Akira，2010）。激活的 TLR 信号可以引发树突状细胞（DC）的成熟，促进适应性免疫的形成（Kawai and Akira，2011）。TLR 还能通过激活多种信号途径诱导细胞凋亡（Aliprantis et al.，2000）。下面主要介绍一些重要的 Toll 样受体家族基因。

2.1.1.3 TLR3 候选基因

TLR3 属于 I 型跨膜蛋白基因，存在于树突状细胞、T 细胞与上皮细胞中并表达（Hornung et al.，2006）。TLR3 主要用于识别细胞内的双链 RNA 及其类似合成物——聚肌苷脱氧胞苷酸（poly I：C），双链 RNA 依旧是引起 I 型干扰素的诱导物（Alexopoulou et al.，2001；Uematsu and Akira，2006），聚肌苷脱氧胞苷酸与干扰素使得 TLR3 的表达迅速上调。TLR3 主要识别的疾病有西尼罗河病毒（west Nile virus，WNV）、痘苗病毒（vaccinia virus，VACV）、登革热病毒（dengue virus，DNV）等双链 RNA 病毒（Barbalat et al.，2011）。Sarkar 等（2003）发现 TLR3 在其细胞质侧的肽链中含有 5 个在识别双链 RNA 信号转导中发挥重要作用的酪氨酸残基：Y733、Y756、Y759、Y764、Y858。此外，TLR3 在大脑中也表达，尤其是在星形胶质细胞和胶质母细胞瘤细胞系中表达，表明 TLR3 可能对致脑炎病毒有反应（Ishii and Akira，2006）。因为双链 RNA 是非常常见的 PAMP，预示 TLR3 在抗病毒免疫中具有重要作用。但是也有部分线索证明 TLR3 对于细胞免疫的启动并不是必不可少的，当病毒感染细胞时细胞会自动识别并产生 I 型干扰素（López et al.，2004）。

2.1.1.4 TLR7 和 TLR8 候选基因

TLR7 与 TLR8 具有很高的同源相似性（Thompson et al.，2011），同样位于 X 染色体上，均以核酸为配体。TLR7 基因主要在肺、胎盘、心脏、脾、骨髓和淋巴结等组织中表达，而在细胞中主要在浆细胞样树突状细胞和巨噬细胞中表达。
TLR7 的作用除识别病毒单链 RNA 介导抗病毒的天然免疫反应外，还在免疫缺陷病、抗肿瘤、免疫调节等领域都具有不同作用。*TLR7* 高度保守序列具有高度同源性，因此配体识别有重叠区。因此，*TLR7* 不仅可以识别某些人工合成的具有抗病毒和抗肿瘤作用的免疫球蛋白 DNA 复合体，还可以识别鸟嘌呤或尿嘧啶核苷酸丰富的单链 RNA 病毒、单链寡核苷酸及咪唑喹啉家族低分子量成分咪唑莫特等鸟嘌呤核苷酸衍生物并对之产生应答（陈静静和陈建民，2015）。近年来，研究表明，*TLR7* 基因可检测甲型流感病毒，而过表达则会使机体产生破坏性免疫反应（Pillai et al.，2016）。

TLR8 能在多种组织中（尤其在单核细胞中）表达（Reizis et al.，2011），*TLR8* 抗病毒的机制主要是通过 MyD88 依赖性途径，通过 MyD88 和白细胞介素-1 受体相关激酶（IRAK）相互作用诱导后续反应。*TLR8* 能引起 *IFN* 基因表达对抗病毒物质的入侵（Takeda and Akira，2003）。许多折叠病毒通过内体隔室进入细胞质中，被拥有大量降解酶的内吞溶酶体破坏其结构组分，使得病毒单链 RNA 被 *TLR8* 所识别（Ishii and Akira，2006）。不同物种中 *TLR8* 所拥有的功能并不相同，如人类的 *TLR8* 能识别病毒或宿主分泌合成的抗病毒咪唑喹啉组分，此外还能识别鸟嘌呤核苷酸类似物、富含尿苷与鸟苷的单链 RNA（Hemmi et al.，2002；Diebold et al.，2004；Heil et al.，2004）。

2.1.2　RLR 家族

维甲酸诱导基因 I 样受体（RIG-I-like receptor，RLR）是病毒 RNA 进入细胞质之后的病原体相关分子模式感受器。RLR 是一个 DExD/H 盒 RNA 解旋家族。RLR 通过下游信号转录因子激活 I 型干扰素产物与抗病毒物质基因的表达，引起细胞内的免疫反应，从而控制细胞的感染（Loo and Gale，2011）。RLR 主要识别病毒遗传物质，至今已有 3 种 RLR 被证实，分别是维甲酸诱导基因 I（retinoic acid induced gene I，RIG-I）、黑色素瘤分化相关基因 5（melanoma differentiation associated gene 5，MDA5）与 LGP2（laboratory of genetics and physiology 2）。RLR 的功能在于区分自我与非自我、细胞质定位、病毒 RNA 识别、引导信号转导、结合外来 RNA，通过与适配器分子线粒体抗病毒信号蛋白的相互作用，最终促使 NF-κB 和依赖型 IRF3 产生 I 型干扰素与促炎细胞因子。这 3 个 RLR 家族成员共享相似性结构，形成不同的蛋白质结构域：①与 RNA 识别最为相关的一个 C 端结构域，在 RIG-I 中参与自动调节，RIG-I 与 LGP2 在抑制结构域中具有一个独特的构造；②一个共享的中心 DExD/H 盒 RNA 解旋酶结构域，用来水解 ATP、捆绑与释放 RNA；③一个 N 端区域组成的串联的半胱天冬酶募集结构域（CARD）

（Yoneyama et al.，2004，2005；Saito et al.，2007）。图 2.1 显示了 RLR 的 RIG-Ⅰ、MDA5 和 LGP2 这 3 个家族成员的个体结构，尽管具有类似的组织，但 LGP2 缺少 N 端 CARD，目前认为其充当 RIG-Ⅰ和 MDA5 信号转导的调节器。RIG-Ⅰ、MDA5 和 LGP2 这 3 个家族成员的定位、配体、接头蛋白及配体来源详见表 2.1。

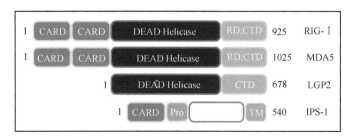

图 2.1　RLR 主要的 3 个家族成员的结构区别（Loo and Gale，2011）

本研究主要关注 RIG-Ⅰ、MDA5 和 LPG2，故未对 IPS-1 进行介绍，TM 为在 IPS-1 C 端上的一个跨膜域，Pro 为脯氨酸富集区

RIG-Ⅰ、MDA5 与 LGP2 家族成员在大多数组织中表达，它们的先天免疫信号可以在不同的细胞类型中被激活。RLR 通常在大多数细胞中表达并维持较低的水平，但在干扰素（IFN）暴露与病毒感染的刺激下，RLR 的表达会迅速上调（Kang et al.，2004；Yoneyama et al.，2004，2005）。尽管 RLR 在骨髓细胞、上皮细胞、中央神经系统细胞中对于引发先天防御具有重要作用，但在这些细胞中并不一定需要它们来激活 IFN 产物的产生。当细胞缺少 IFN 受体并受到病毒诱导，MDA5 可以直接由病毒诱导信号完成免疫反应的表达（Yount et al.，2007）。

RIG-Ⅰ又名 DDX58（DEAD box polypeptide 58），属于解旋酶家族，最初在甲酸诱导急性早幼白血病粒细胞中发现（Mao et al.，1996），RIG-Ⅰ最初表征为双链 RNA 结合蛋白，能引起 IFN 反应，病毒信号回应，结合形成 dsRNA 聚合物（Yoneyama et al.，2004）。RIG-Ⅰ长度为 3.0kb 左右，RIG-Ⅰ蛋白 C 端 DExD/H 盒的 RNA 解旋酶结构可以识别 RNA 组分，与 RNA 结合后，构象发生变化，利用 ATP 水解方式来活化 N 端 CARD 区，被激活的 N 端 CARD 区可以与线粒体抗病毒信号蛋白的 CARD 相互作用将信号向下游传递（Loo and Gale，2011），当 LGP 缺失时，RIG-Ⅰ诱发抗病毒反应会减弱。

大量的研究表明，RIG-Ⅰ可以识别丙型肝炎病毒、弹状病毒科病毒、副粘液病毒科病毒、正粘病毒科病毒的成员（Hornung et al.，2006）。已有部分研究探索了激活 RIG-Ⅰ防御信号的分子特征（Schlee and Hartmann，2010），人们发现 RIG-Ⅰ识别的单链 RNA 必须包含一个 5′三磷酸基团（5′ppp），它们用这个方法来防御一些异己分子 RNA 的 PAMP（Hornung et al.，2006；Pichlmair et al.，2006）。当一个病毒 RNA 除去 5′ppp 之后就可以消除免疫反应信号的传输，而二磷酸盐或单磷酸盐修饰的 5′ppp 则会使免疫反应信号减弱（Hornung et al.，2006；Kim et al.，2008）。这种相互作用表明，RIG-Ⅰ可以辨别宿主与病毒 RNA，宿主 RNA 会摘除或隐蔽它们的 5′端，防止被 RIG-Ⅰ所识别。

2.2　DNA 甲基化

2.2.1　DNA 甲基化的定义与特征

DNA 甲基化是指在 DNA 甲基转移酶的催化下，以 S-腺苷甲硫氨酸（SAM）为甲基供体，将甲基转移到胞嘧啶的 5′C 上，使 DNA 分子的碱基结合甲基的过程（Singal and Ginder，1999）。哺乳动物中，正常的 DNA 甲基化在基因表达等方面具有重要作用，但是异常的 DNA 甲基化会引起人类某些疾病的发生，如癌症、衰老、痴呆等（You and Jones，2012；Wittenberger et al.，2017）。DNA 甲基化现象是 Hotchkiss（1948）在小牛胸腺 DNA 中发现的，直到 1988 年，人们才逐渐认识到 DNA 甲基化对基因功能的影响，进而展开了该领域的研究。DNA 甲基化作为表观遗传学的重要修饰方法之一，常被用来标记 DNA 序列（Clark et al.，1995；Bird，2007），且在很多生物代谢进程中起到关键性作用，如基因表达（Harbers et al.，1981）、胚胎发育（Haaf，2006；Niemann et al.，2010）、细胞增生（Selamat et al.，2011）、细胞分化（Latham et al.，2008；Kaaij et al.，2013）和染色体稳定性（Vilain et al.，2000）等。更重要的是，DNA 甲基化可以随着细胞分裂在世代间遗传（Gertz et al.，2011）。除可遗传性外，DNA 甲基化还具有其他特性，如下。①普遍性：DNA 甲基化现象普遍存在于原核生物和真核生物中，如哺乳动物基因组中有 5%～10%是 CpG 位点，其中约 80%为甲基化 CpG 位点（Chen et al.，2011）。②分布规律性：DNA 甲基化主要发生于启动子、转座子、增强子、沉默子和基因本体等部位的 CpG 二核苷酸上。③时间特异性和空间特异性：生物体的不同时期甚至同时期不同组织细胞中的 DNA 甲基化差异都较大，生物以此来调控基因的特异性表达。④可逆性：去甲基化（demethylation）是与甲基化一样存在于生物中但完全相反的过程，只要存在甲基化就一定有去甲基化的存在，甲基化和去甲基化共同决定了 DNA 的甲基化水平与模式，因此，甲基化水平是动态的。除受到甲基化与去甲基化的调控外，甲基化水平还受到生存环境、年龄、性别等因素的影响。DNA 甲基转移酶（DNA methyltransferase，DNMT）是影响 DNA 甲基化的重要因素之一，哺乳动物存在 3 个甲基化转移酶家族：DNMT1、DNMT2、DNMT3（DNMT3A 和 DNMT3B）（Hermann et al.，2004；Cheng and Blumenthal，2008）。DNMT1 在细胞分裂期 DNA 进行复制修复及维持正常甲基化的过程中起到关键性作用；DNMT2 是主要的 tRNA 甲基转移酶（Goll et al.，2006）；DNMT3 含有 3

个亚基,3A 和 3B 催化 CpG 岛进行从头甲基化,而 3L(DNMT3-like)是一个不具有催化活性的调节蛋白,主要负责 3A 和 3B 的调控(Bestor et al.,1988;Hata et al.,2002)。DNMT1 是 DNMT 酶家族中研究最多的一种酶,很多研究发现 DNMT1 的上调与 DNA 异常甲基化有关,会导致抑癌基因沉默、原癌基因激活进而导致肿瘤发生(Dhepaganon et al.,2011)。

2.2.2　DNA 甲基化在哺乳动物中的应用

DNA 甲基化研究最初关注的是调控机制和发病机制,随着甲基化研究的深入及对生物生长发育和繁殖调控作用的挖掘,研究发现,DNA 甲基化在克隆技术、家畜育种等方面扮演着重要角色。从克隆动物的繁育情况来看,因供体体细胞核的甲基化状态影响了重编程过程导致体细胞核移植技术效率低下,从而使得克隆技术未能得到广泛应用(鞠光伟,2010)。此外,基因启动子区域的甲基化状态对基因表达具有调控作用,异常 DNA 甲基化会引起异常的基因表达从而使得克隆动物表型异常或存在发育缺陷(杨荣荣和李相运,2007),导致克隆胚胎流产率极高。即便胚胎存活,胎儿也会存在诸多发育异常的问题。同其他物种相比,克隆牛的存活率反而相对较高(Suzuki et al.,2011),但仍会出现胎儿流产现象。这些现象似乎与甲基化水平相关,如 Zhou 等(2016)发现胚胎发育的关键基因——*OCT4* 的甲基化水平在不同日龄胎牛的肝、心脏和肺中都存在显著差异,说明胚胎的正常发育与 DNA 甲基化密切相关。Long 和 Cai(2007)研究发现,正常牛与克隆牛 *IGF-2R* 基因的 DNA 甲基化存在差异,推测克隆牛流产很可能与 *IGF-2R* 基因的异常甲基化相关。

目前,功能基因与功能基因组学研究是国内外家畜遗传育种领域的研究热点,通过探析 DNA 甲基化与家畜重要经济性状之间的关系,可查找与性状相关的关键基因。例如,Li 等(2012)在探究脂肪形成和肌肉生长的表观遗传机制时发现 DNA 甲基化在肥胖的形成中扮演着重要角色。此外,相关研究(Sakamoto et al.,2008)进一步证实了健康动物与肥胖动物 *PPARγ* 基因启动子的 DNA 甲基化可能存在差异。在我国,对牦牛的育种改良工作一直以来都是家畜育种中的重难点。黄牛与牦牛的杂交后代——犏牛具有极强的环境适应能力,虽然可正常交配但雄性不可育,使得牦牛育种改良工作面临极大挑战。李明桂等(2011)分析了牦牛、黄牛及犏牛睾丸组织中 *Boule* 基因的甲基化差异,推测该基因异常甲基化与犏牛雄性不育密切相关,犏牛可能通过差异甲基化区域(DMR)的高甲基化阻碍了精子的减数分裂。Li 等(2016)发现,雄性不育的犏牛 *FKBP6* 启动子的甲基化水平明显高于牦牛,证明了该启动子的甲基化状态与犏牛雄性不育密切相关。通过研究影响杂种优势的甲基化位点,从 DNA 甲基化角度探析杂种优势的机制,可为家畜育种提供新的思路。

DNA 甲基化具有可逆性，对于异常甲基化还原药物的研发、特殊疾病的治疗都具有较高的价值。使用特殊疾病相关的 DNA 甲基化分子标记有助于医生快速准确地判断病情。目前，恶性肿瘤是死亡率极高的复杂疾病，与正常细胞相比，肿瘤细胞中整体甲基化水平降低，启动子区域甲基化水平升高（Baylin and Herman，2000；Jones and Baylin，2007）。近年来，相关研究表明，DNA 甲基化与肿瘤间的关系更为复杂。例如，Ansari 等（2016）研究发现，许多参与正常细胞功能的抑癌基因（如 *MGMT*、*DAPK*、*APC*、*CDH13* 等）的 CpG 岛发生高甲基化，可使抑癌基因沉默导致肺癌。此外，DNA 甲基化状态的变化与心血管疾病的发病也有着密切联系。在动脉粥样硬化的形成过程中发现一些基因的甲基化状态发生了变化（Post et al.，1999），推测 DNA 甲基化可以调节血管平滑肌细胞的分化（Hiltunen and Ylä-Herttuala，2003）。例如，Bressler 等（2011）发现，雌激素受体-α 基因（*ER-α*）启动子 CpG 岛甲基化水平的增高导致血管平滑肌细胞数目增多，这一结论在 Kortelainen 和 Huttunen（2004）的研究中也得到证实。除肿瘤、动脉粥样硬化外，高血压的发病也受到 DNA 甲基化的调控。例如，Zhang 等（2013）发现，*ADD1* 基因的低甲基化会增加原发性高血压的发病率。邱旭君等（2017）发现，血管紧张素Ⅱ-1 型受体（*AGTR1*）基因的异常 DNA 甲基化与原发性高血压也密切相关。吴逸海（2015）的研究显示，高血压患者 *AGTR1* 基因的 DNA 甲基化水平是降低的。此外，DNA 甲基化与精神分裂症和躁郁症的发病也有一定联系。例如，Mill 等（2008）利用 CpG 岛基因芯片证明了大脑前额叶和生殖细胞系的 DNA 甲基化改变可能与精神分裂症、躁郁症有关。在精神分裂症患者与正常人的对照试验中，络丝蛋白（reelin）启动子区域的甲基化可能是该基因表达下调的潜在机制（Yang et al.，2015）。各种复杂疾病的发病除受 DNA 甲基化的影响外，还受其他很多因素的影响，对于复杂疾病的攻克还存在很多难题，但通过不断探索DNA 甲基化与各种复杂疾病之间的联系，可以为复杂疾病的临床诊断、治疗及预防提供参考。

2.3　microRNA

2.3.1　microRNA 的定义

microRNA（miRNA）是一种长度在 22 个核苷酸左右的内源性非编码小分子RNA。miRNA 首先在线虫中发现，为 lin-4，它与 lin-14 编码的 mRNA 的 3'非翻译区（3'-UTR）序列互补会抑制 lin-14 的表达（Long and Chen，2009）。miRNA 基因一般位于蛋白编码基因的内含子区、非编码基因的内含子区、基因间区，而有一些 miRNA 位于蛋白编码基因与非编码基因的外显子区。miRNA 与其靶 mRNA 的识别一般是由 miRNA 序列 5′端长度为 6～8nt 的"种子序列"决定的,这段"种子序列"通常与靶 mRNA 的 3′非翻译区相结合并发挥作用。研究发现,miRNA 与靶 mRNA 的结合位点除了 mRNA 的 3′非编码区,靶 mRNA 的 5′非编码区、启动子区、可读框区、基因编码区等都是潜在的 miRNA 靶位点(Lee,2013;Bao et al.,2016)。由于大多数的 miRNA 靶基因预测软件通常只考虑 mRNA 的 3′非翻译区位点而忽略了其他位点,并且并不是所有的 miRNA 都具有多种靶位点,预测到的靶位点则需进行进一步的验证,因此对于 miRNA 靶基因的预测极其困难(Dumortier et al.,2013)。此外,miRNA 作为哺乳动物中最丰富的基因调控分子,在基因的转录后调控过程中起着中心调控作用,大概 30%哺乳动物的基因受 miRNA 调控(Sun et al.,2014)。一个单独的 miRNA 可能调控成百个靶 mRNA,反之单独的一个 mRNA 可能受多个 miRNA 的调控(Maudet et al.,2014)。

2.3.2　microRNA 的作用

miRNA 参与生物体几乎所有的生理过程,包括细胞发育、细胞分化、细胞扩增、细胞凋亡、新陈代谢、癌症的发生、免疫反应、疾病的发生、病毒防御、造血干细胞发育、环境胁迫、特定器官的形态建成等。多数情况下 miRNA 主要涉及基因表达的负调控并抑制基因的表达,在某些特定条件下 miRNA 也可上调靶 mRNA 的翻译水平促进基因的表达,如在细胞周期的停滞期(Buchan and Parker,2007;Vasudevan et al.,2007)、miRNA 与 mRNA 的启动子序列互补配对时。

miRNA 的表达水平在各种体液(血液、唾液、牛乳、血清)中非常稳定,其表达水平的改变常与一些疾病的产生和特定的生理状态相关。因此 miRNA 可作为分子标记用于疾病的诊断、特定生理状态的判断和食品质量的检测。miRNA 在物种间高度保守并具有组织特异性、时空特异性和疾病特异性等(Carissimi et al.,2009)。研究表明,miRNA 基因序列的遗传变异会导致 miRNA 表达水平的变化并影响 miRNA 与其靶 mRNA 的相互作用,从而影响生物的表型性状,导致相应疾病的发生(Miretti et al.,2011)。有趣的是,miRNA 可跨物种进行靶向调控作用,研究表明,病毒在入侵宿主时可以利用自己的 miRNA 限制宿主相应的免疫反应从而逃避免疫监视(Staedel and Darfeuille,2013)。也有研究表明,外源性的植物 miRNA 可通过食物进入动物体内并调控动物体内相应的靶基因(Zhang et al.,2012;Zhu et al.,2017)。对于 miRNA 跨物种靶向调控靶 mRNA 的研究表明,miRNA 靶基因的跨物种表达变异率显著低于其他基因的变异率,miRNA 与其靶 mRNA 的结合位点在物种间非常保守(Cui et al.,2007)。

2.3.3　microRNA 在家牛中的应用

作为重要的调控分子，miRNA 参与了生物体几乎所有的生理过程，因此对于家牛 miRNA 的相关研究也具有十分重要的意义。而对 miRNA 在家牛中的研究主要集中于重要的经济学性状方面，尤其是影响家牛产肉、产奶、生产率、生殖、胚胎存活和抗病力等有关性状的研究比较集中（Fatima and Morris，2013）。以下主要介绍 miRNA 在家牛的肉质、产奶、疾病等方面的应用。

众所周知，组成牛肉的肌肉组织和脂肪组织是牛肉品质的重要指标，对肌肉特异性 miRNA 在肌肉发育中的潜在作用进行研究显得十分必要。为探究肌肉特异性 miRNA 与家牛肌肉发育及家牛品种间的关系，Miretti 等（2011）对 miR-1、miR-206 在荷斯坦牛和皮埃蒙特牛肌肉中的表达模式进行了研究。结果发现，miR-1 在两种牛肌肉中的表达没有显著差异，而 miR-206 在雌性荷斯坦牛肌肉中的表达显著高于雌性皮埃蒙特牛肌肉中，因此性激素可能与 miR-206 的表达有关并影响家牛肌肉的形成。此外，在脂肪组织的形成过程中，miRNA 也起到重要的调控作用（Kim et al.，2012）。例如，Jin 等（2010）的研究表明，miR-378 在背部脂肪中差异表达最显著，它调控家牛脂肪的形成可能与其在丝裂原激活蛋白激酶 1（MAPK1）上具有靶位点相关。Sun 等（2014）对中国秦川牛的研究发现，bta-miR-199a-3p、bta-miR-154c、bta-miR-320a、bta-miR-432 在其背脂肪组织中高表达，bta-miR-1、bta-miR-133a、bta-miR-206 和 bta-miR-378 在其肌肉组织中高表达，对这些位点的功能分析表明，背脂肪组织中高表达的 miRNA 与脂肪和脂肪酸的代谢有关，肌肉中高表达的 miRNA 与骨骼和肌肉系统的发育有关，miRNA 在家养动物肌肉的发育和脂肪的代谢过程中起到重要的调控作用。肌卫星细胞与家牛肌肉的生长、肉质和肌肉相关疾病都具有联系。例如，Zhang 等（2016）对处于不同分化时期的家牛骨骼肌卫星细胞的 miRNA 表达谱进行研究发现，不同发育时期的肌卫星细胞 miRNA 的表达差异明显，这些差异表达的 miRNA 与细胞代谢、癌症通路、肌动蛋白骨架调控等通路有关。

乳腺组织的特性会影响家牛的产奶率、乳房的健康和乳腺炎的发生，而 miRNA 在乳腺组织中对相应的靶基因具有重要的调控作用。一般奶牛的乳腺发育程度大于肉牛，因此奶牛的产奶率显著高于肉牛。例如，Wicik 等（2016）对荷斯坦牛（奶牛）和利木赞牛（肉牛）乳腺组织中的 miRNA 进行研究发现，二者的乳腺组织中差异表达显著的 miRNA 有 54 个。与荷斯坦牛相比，在利木赞牛乳腺组织中差异表达的 miRNA（bta-miR-1434-3p 和 bta-miR-2285t）上调的有 52 个，下调的有 2 个，对 54 个差异表达显著的 miRNA 靶基因进行功能分析，结果发现，存在 TGF-β 通路、胰岛素（insulin）通路、Wnt 通路、炎症通路等对家牛乳腺发育具有重要作用的信号通路，此外一些差异表达的 miRNA 对于家牛乳腺干细胞的激活也具有重要调控作用。例如，Gu 等（2007）的研究发现，miR-21、miR-23a、miR-24、miR-143 在乳腺组织中的表达量高于其他组织，猜测它们可能对于乳腺组织的发育和生理机能具有重要作用。此外，相关的研究也证实 miR-21 在患有乳腺癌的个体中表达量显著增高。

家养动物性腺组织、卵母细胞和精子中的 miRNA 与家养动物的许多生殖特性相关（Carletti and Christenson，2009）。例如，Tesfaye 等（2009）对家牛成熟卵母细胞形成的不同时期 miRNA 的差异表达进行研究，结果发现，miR-496、miR-297、miR-292-3p、miR-99a、miR-410、miR-145、miR-515-5p 在成熟的卵母细胞中表达量最高，而 miR-512-5p、miR-214 在不成熟的卵母细胞中较丰富，表现出明显的时空差异性。对性未成熟和性成熟的家犬睾丸组织进行 miRNA 研究，结果表明，在哺乳动物的精子形成过程中 miRNA 的表达模式具有时空特异性和组织特异性，两种发育阶段的家犬睾丸组织中 miRNA 的表达模式差异显著，在二者差异表达的 miRNA 中，与减数分裂、精子形成有关的 cfa-miRNA-34c 在性成熟犬类睾丸组织中显著上调 633 倍，与代谢有关的 cfa-miR-122 的表达也显著加强，而与维持干细胞多能性有关的 cfa-miR-137、cfa-miR-203 等 miRNA 显著下调（Kasimanickam and Kasimanickam，2015）。目前，研究表明，在生物体不同的组织和体液中 miRNA 的含量是高度稳定的，miRNA 的表达异常、减少或加强都会引起生物体体液中 miRNA 的改变，包括癌症在内的很多疾病和症状与 miRNA 的不正常表达相关，因此生物体中的 miRNA 可作为非常有用的生物标记，用于检测生物体不同的疾病或生化指标（Chen et al.，2008；Hunter et al.，2008）。Chen 等（2010）的研究表明，牛奶中 miRNA 表达模式可用于牛奶品质的检测和相关乳制品的商业生产质控，与传统的牛奶生化指标相比，运用 miRNA 作为生化指标还可检测出牛奶不同的泌乳期。Li 等（2014）通过对健康和患有乳腺炎的荷斯坦牛外周血进行深度测序与生物信息学研究，结果发现，在家牛外周血中存在非常丰富的与免疫相关的 miRNA，与健康的牛相比，患有乳腺炎的荷斯坦牛外周血中与免疫相关的 miRNA 的数量较高，研究表明，游离循环核酸对于早期的临床诊断非常有用，因此 miRNA 可作为一种新的游离循环核酸用于临床分子标记。

miRNA 在生物体几乎所有的生命过程中都起关键的调控作用，包括机体的先天免疫和获得性免疫调控，而先天免疫系统是生物机体抵抗病原体入侵的第一道防线。研究表明，miRNA 可以介导与先天免疫和获得性免疫反应有关的关键通路（Li et al.，2013）。例如，Garo 和 Murugaiyan（2016）的研究发现，miRNA 涉及免疫自稳通路的调控，如免疫细胞的发育、中枢和外周的免疫耐受等，而相应的 miRNA 的表达与功能发生改变会导致免疫系统的紊乱和易患自身免疫疾病。家牛的肺泡巨噬细胞有利于维持家牛肺的内稳态和保护家牛免受一些呼吸道疾病的感染。例如，对全世界家牛养殖业造成巨大影响的牛结核病，它会通过空气传播并侵染肺泡巨噬细胞，而关于 miRNA 在这些细胞中的作用却知之甚少。Vegh 等（2015）通过高通量测序技术研究感染牛结核分枝杆菌 2h、24h、48h 的牛肺泡巨噬细胞中 miRNA 的表达情况，与未感染的对照组相比，分别有 1 个、6 个、40 个 miRNA 显著差异表达，其中 bta-miR-142-5p、bta-miR-146a、bta-miR-423-3p 差异表达的 miRNA 与 RT-qPCR 验证结果相一致。此外，这些差异表达的 miRNA 的靶基因富集到包括细胞内吞作用、溶酶体转移、IL-1 信号和 TGF-β 通路等与牛结核病发病机制相关的通路上，其中 IL-1 受体相关激酶 1（*IRAK1*）基因和转化生长因子-β Ⅱ 型受体（*TGFBR2*）是家牛对牛结核分枝杆菌先天免疫反应的两个关键基因，都受到 miR-146 的调控，这表明，家牛对牛结核分枝杆菌免疫应答过程中的 miRNA 起到重要的调控作用。此外，Vegh 等（2013）通过对荷斯坦牛肺泡巨噬细胞进行高通量测序分析，结果发现，在肺泡巨噬细胞中表达量最高的为 miR-21，该 miRNA 主要调控抗菌肽的表达，其靶基因在家牛的先天免疫中起到重要作用。在病毒、寄生虫、细菌等病原体感染生物机体的过程中 miRNA 起着重要的调控作用，miRNA 表达谱的研究表明，疱疹病毒、多瘤病毒、腺病毒等 DNA 病毒在其感染的细胞中表达多种 miRNA 以操控病毒自身和感染细胞中的靶 mRNA，并以此影响病毒的生殖和发病机制，病毒编码的 miRNA 在感染细胞过程中的主要作用是加强病毒的复制和介导宿主 miRNA 的水平，并通过表达病毒抑制蛋白来抵抗宿主的免疫作用（Maudet et al.，2014）。

家牛由原牛（*Bos primigenius*）驯化而来，经过长时间的驯化与选择，家牛同原牛无论在表型上还是生理上都发生了显著变化，这些显著的性状改变与 DNA 序列的改变（如 miRNA 基因序列和 miRNA 靶基因结合位点序列）密切相关，并且 DNA 序列中 miRNA 靶基因结合位点序列多态性的发生对包括家牛在内的家畜的重要经济学表型性状的影响较大。例如，Braud 等（2017）通过研究比较原牛和家牛基因组序列中 miRNA 靶基因结合位点序列的多态性变化发现了 1620 个同源基因的 miRNA 靶基因结合位点序列发生了显著变化，这些发生位点改变的同源基因分别在家牛的生育、色素沉着、神经发育、代谢、免疫和生产性状等生理过程中发挥重要作用。

综上所述，miRNA 在家牛几乎各种组织中都具有重要的调控作用，因此对家牛 miRNA 的研究对于家牛乃至其他家养动物的生产、养殖等都具有重要的应用价值。

2.4　蛋白质组学

2.4.1　蛋白质组学在家牛疫病方面的研究进展

针对家牛的一些专属疫病及动物共患病，如血吸虫病、牛结核病、蜱虫病、口蹄疫、乳腺炎、锥虫病等，科学家已经在蛋白质组学和基因组学水平上对抗病机理进行了相关研究。①在血吸虫病方面的研究进展：Wu 等（2005）的研究表明，rSj26GST 能诱导小鼠、猪、羊、水牛和其他动物对日本血吸虫感染有较强的保护作用。Zhai 等（2018）比较了水牛和黄牛体内血吸虫成虫的蛋白质表达谱，共鉴定出 131 个差异表达蛋白（differentially expressed protein，DEP），其中上调蛋白 46 个，下调蛋白 85 个，差异表达蛋白中核糖体通路明显富集，说明核糖体蛋白的表达差异可能影响血吸虫在自然宿主中的发育，甚至影响血吸虫的分化，研究中 SjTPX-1、SjPDI 和 Sj26GST 在水牛的血吸虫中表达量显著升高，证实了 Wu 等（2005）的研究，而水牛是较不敏感的宿主，因此推测这 3 种蛋白质的过表达可能是寄生虫适应宿主环境和在不易受感染的宿主中生存所必需的。②在牛结核病方面的研究进展：TLR 在结核分枝杆菌的免疫识别中起着至关重要的作用，研究人员发现，TLR1、TLR2、TLR4、TLR6 和 TLR9 在结核分枝杆菌及其与分枝杆菌细胞壁相关成分的识别中都起着重要作用（Means et al.，1999，2001；Jo et al.，2010），并发现多种与结核病易感性相关的候选蛋白，包括 VDR、SLC11A1、NOS2、TNF-α 和 TLR（Liu et al.，2004；Paixão et al.，2006；Velez et al.，2009；Ma et al.，2010），并且 TLR1、TLR2、TLR4、TLR6 和 TLR9 的变异体已被证明与人类对肺结核的易感性有关（Ma et al.，2010；Selvaraj et al.，2010；Song et al.，2014）。巨噬细胞是主要的效应细胞，通过多种机制包括诱导毒性抗微生物效应物、刺激微生物中毒机制、凋亡、脂质介质、微 RNA 和细胞因子等来杀死结核分枝杆菌（Crevel et al.，2003；Rajaram et al.，2014；Weiss and Schaible，2015）。研究显示，荷斯坦牛对牛结核病的易感性有显著的遗传差异（Bermingham et al.，2009；Brotherstone et al.，2010），此外，Cheng 等（2016）对 74 头感染结核病的牛和 90 头健康对照牛进行了肿瘤坏死因子-α 基因的基因分型，用关联分析方法研究了肿瘤坏死因子-α 第 3 外显子区多态性对结核杆菌易感性的影响，结果表明，肿瘤坏死因子-α 的 g.19958101T>G 多态性与荷斯坦牛的牛结核病易感性有关。③在蜱虫病方面的研究进展：了解牛与其蜱载体之间的相互作用，有助于抗蜱虫和阻断蜱虫传播的候选疫苗的开发（Rachinsky，2008）。Rodrigues 等（2018）观察到蜱少量唾液（31.25～62.5μg/mL）可促进 NO 的产生，高浓度唾液（高达 250μg/mL）则可显著降低 NO 的生成，高浓度 NO 的产生可能在巨噬细胞失活之前参与淋巴细胞的失活，从而避免宿主体内的组织损伤，对蜱的摄食也有害，这为了解变种蜱与反刍动物的相互作用（包括它们参与病原体传播的媒介能力或病原体再激活）并为干预相应蜱疾病的免疫抑制和感染过程的综合研究奠定了基础。Kluck 等（2018）从蜱中分离纯化了一种新的血液淋巴脂蛋白，并对其生化特性进行了研究，首次发现微脂载脂蛋白复合物（RmlCP）参与了该模型的脂质转运，进一步研究中将 RmlCP 作为一种新靶点，可通过干扰它们的脂质运输来控制微小牛蜱的侵染。④在口蹄疫方面的研究进展：在牛（Childerstone et al.，1999）和猪（GarcíA-Briones et al.，2004）中报道了 CD8+T 细胞介导的对口蹄疫病毒的免疫应答，表明 CD8+T 细胞反应似乎在牛（Lierop et al.，1995）和猪（Gerner et al.，2006）预防口蹄疫方面发挥着重要作用，体内存在特定的 MHC II 类限制性应答。Guzman 等（2008）利用表达单个牛 MHC I 类等位基因的小鼠细胞，可以识别任一情况下的限制性片段，这些表位的识别将有助于定量和定性地分析牛口蹄疫病毒特异性记忆 CD8+T 细胞，并有助于确保潜在的疫苗诱导出一种在质量上合适的 CD8+T 细胞应答。⑤在乳腺炎方面的研究进展：牛白细胞抗原（BoLA）是牛的主要组织相容性复合体（MHC），位于第 23 号染色体上，BoLA 等位基因与免疫反应有关，与乳房炎症抵抗有关（Rupp et al.，2007）。Yang 等（2009）从蛋白质水平研究乳腺疾病相关蛋白，了解乳腺炎的分子机制，采用双向凝胶电泳技术对健康奶牛和临床乳腺炎奶牛乳腺蛋白质的变化进行研究，发现当改变健康奶牛和临床乳腺炎奶牛乳腺细胞色素 c 氧化酶的表达模式后，结果提示细胞色素 c 氧化酶与乳腺内感染有关。胰岛素样生长因子 1 受体能通过自噬介导乳腺炎的易感性，可以控制哺乳动物的先天免疫，是预防乳腺炎的潜在工具，自噬能保护牛乳腺细胞免受乳杆菌的侵袭（Sugimoto and Sugimoto，2012）。Wojdak-Maksymiec 等（2013）对 588 头波兰荷斯坦-弗里西亚奶牛进行研究，发现肿瘤坏死因子-α和肿瘤坏死因子的作用因年龄（胎次）而异，这些相互作用随着年龄的增长、免疫系统的放松，宿主感染的易感性增加。对自然感染金黄色葡萄球菌的亚临床性乳腺炎奶牛乳清蛋白的差异进行蛋白质组学分析，以健康奶牛作为对照，在鉴定出的 90 种蛋白质中，25 种在健康奶牛和乳牛之间差异显著，对这些蛋白质的功能分析表明，这些蛋白质与宿主防御功能（如病原体识别、直接抗菌功能）间有较强的关联（Abdelmegid et al.，2017）。⑥在锥虫病方面的研究进展：实验和自然感染家畜群体的研究结果证实，锥虫耐受性是 N'Dama 牛等品种的可遗传性状（Trail et al.，1991；Namangala，2011），N'Dama 牛有能力更好地限制寄生虫病、贫血和白细胞计数的变化（Paling et al.，2010a，2010b）。Naessens 等（2002）的研究支持宿主锥虫耐受性的先天机制在控制疾病方面更有力的假说，使它们不那么依赖抗体反应。此外，早期的研究显示，造成耐锥虫品种牛的锥虫耐受性的主要原因是宿主以变异体表面糖蛋白特有的 B 淋巴细胞和 T 淋巴细胞形式产生的适应性免疫（Taylor，1998），锥虫感染时宿主脾 B 细胞的广泛凋亡造成相关的免疫抑制（Radwanska et al.，2008；Cnops et al.，2015）。以上研究大多是针对正常个体与疾病个体的对照研究，全方位地从正常个体研究动物的抗病基础几乎没有。

2.4.2 蛋白质组学在家畜研究中的应用

蛋白质是基因的表达产物，是生物功能的主要体现，是生物体内的生命物质，能够以多种翻译后修饰、生物体内蛋白质的相互作用、不同蛋白质构象等现象影响生物体的各种生命活动（Abbott，2001）。生物具有自身的变化规律，因此要想全面认识和理解生物功能只从基因方面研究是不够的。蛋白质组学研究的一个主要目的是系统地鉴定和定量表达在生物系统中的蛋白质。蛋白质组学研究可以更加有效地阐明机体生命活动的内在机制，为疾病机制的研究及认识提供有价值的理论基础，同时在应用研究中也存在重要的潜在价值（Azad et al.，2006；Penque，2009）。

蛋白质组学的标准方法是一维/二维凝胶电泳或液相色谱（LC），然后是质谱。基于定量蛋白质组学对蛋白质进行定量测定是当前在畜牧业研究中应用最广泛的技术。目前将其分为两类，即绝对定量法和相对定量法，绝对定量法精密度相较于相对定量法并不高，所以常使用的是相对定量法，通过定量分析可发现所研究疾病的标志物，也可通过发现的疾病的生物标志物——蛋白质进行疾病的治疗。在蛋白质组学研究中，基于传统的双向凝胶电泳、染色方法及基于质谱检测的同位素标记相对和绝对定量（isobaric tags for relative and absolute quantitation，iTRAQ）技术是目前应用较成熟的两种主要定量方法。iTRAQ 技术是目前在蛋白质组学定量方法中利用最多的一种技术。iTRAQ 技术采用同位素编码的 4-plex 或 8-plex 标签，可对多达 8 种不同样本同时进行定量分析，通过特异性标记多肽的氨基基团进行串联质谱的分析。这项技术使用多种同位素试剂标记在 N 端和赖氨酸侧链上的衍生肽，从而在消化混合物中标记所有肽。iTRAQ 多重化学标记技术能够标记肽的 N 端，对任何与标记相关的空间位阻效应都具有更大的耐受性。相对于传统的双向凝胶电泳，iTRAQ 技术具有敏感性高、提高离子强度、反应速度快、标记效率高达 97%以上、重复性好、定性与定量可同时进行等优点（Ye et al.，2010；刘艳芝等，2015）。iTRAQ 技术一个明显的优点是它可以在蛋白质水平上标记其位点可能无法被 CyDye 或 cICAT 试剂识别的多肽（Wu et al.，2006）。利用 iTRAQ 技术可以对任何类型的蛋白质进行鉴定，也可同时对一个基因组表达的所有蛋白质或一个复杂的混合体系中的全部蛋白质进行精确定量及鉴定，对蛋白进行功能分析，寻找生物体或组织的差异表达蛋白。

iTRAQ 技术在动物蛋白质组学研究方面的应用已较为成熟，Golovan 等（2008）在猪肝细胞中利用 iTRAQ 技术鉴定得到了 1476 种蛋白质，对其中的 880 种蛋白质进行了生物信息学分析，发现表达量大大增加，蛋白质大多与分解代谢、电子传递、生物合成、氧化还原酶类反应等有关，在作为化学和能量工厂的肝中这些蛋白质都起着重要的作用，该研究可为猪肉品质的改善、人类疾病的治疗靶点等提供一定的理论依据；Hu 等（2010）在胃癌抗药性机制的研究中第一次引入了 iTRAQ 技术，发现 820 种蛋白质，其中有 91 种蛋白质的表达出现差异，通过蛋白质印迹技术证实 SGC7901/VCR 细胞系中的穿隆主体蛋白和抗药性有关；Zhang 等（2015）研究鸡肝组织在不同浓度氨气条件下的蛋白质情况，通过 iTRAQ 技术鉴定，发现了 30 种差异蛋白，这些蛋白质均与营养代谢、转录和翻译、免疫应答、应激反应及解毒作用相关。大量的研究显示，在研究家畜及模式动物蛋白质组学时 iTRAQ 技术的应用较多且趋于成熟，并且该技术在探究疾病发生的生物标志物或寻找结构与功能异样的蛋白质等方面具有比其他技术更多的优势。

随着蛋白质组学的发展，在深入了解疾病状态下机体内所有蛋白质的表达规律的研究中，比较蛋白质组学发挥了较好的优势，在阐明疾病的特异抗原、抗体和分子机制方面表现出极大的潜力（林晨红和管剑龙，2017）。对蛋白质表达水平差异的分析能够将机体内在规律进行更好的阐述，还能为一些疾病的发生、确定、预防等奠定理论基础（夏其昌和曾嵘，2004）。因此，对家牛蛋白质的研究可以从另一角度提供两种类型牛在抗病力差异上的新见解。

参 考 文 献

陈静静, 陈建民. 2015. TLR 的结构与功能及其肝癌免疫应答的研究进展. 细胞与分子免疫学杂志, 31: 562-564.

鞠光伟. 2010. 体细胞克隆胚胎生产及其 DNA 甲基化研究. 北京: 中国农业科学院硕士学位论文.

李明桂, 徐洪涛, 李隐侠, 等. 2011. b-Boule 基因 5′调控序列的克隆与睾丸组织 DMR 甲基化分析. 中国农业科学, 44: 3859-3867.

林晨红, 管剑龙. 2017. 蛋白质组学在自身免疫性疾病中的应用研究进展. 医学研究杂志, 46: 13-15.

刘艳芝, 郭景茹, 彭梦玲, 等. 2015. 应用 iTRAQ 结合质谱技术筛选冷应激大鼠血浆差异表达蛋白. 中国应用生理学杂志, 31: 392-395.

邱旭君, 范瑞, 张莉娜, 等. 2017. AGTR1 基因启动子区 DNA 甲基化与原发性高血压的相关性研究. 预防医学, 29(3): 260-263.

王德成, 佘敏, 佘锐萍, 等. 2008. Toll 样受体研究进展. 动物医学进展, 29: 56-60.

吴逸海. 2015. 社区居民高血压流行现状及其与 AGTR1 基因 DNA 甲基化的关系研究. 福州: 福建医科大学硕士学位论文.

夏其昌, 曾嵘. 2004. 蛋白质化学与蛋白质组学. 北京: 科学出版社.

杨荣荣, 李相运. 2007. DNA 甲基化与克隆动物的发育异常. 遗传, 29: 1043-1048.

曾本娟, 李蓉, 肖蘅, 等. 2017. 家养牛品种间抗病力差异的分子遗传基础研究进展. 畜牧兽医学报, 48: 193-200.

Abbott A. 2001. And now for the proteome. Nature, 409: 747.

Abdelmegid S, Murugaiyan J, Abo-Ismail M, et al. 2017. Identification of host defense-related proteins using label-free quantitative proteomic analysis of milk whey from cows with staphylococcus aureus subclinical mastitis. International Journal of Molecular Sciences, 19: 78.

Akira S, Uematsu S, Takeuchi O. 2006. Pathogen recognition and innate immunity. Cell, 124:

783-801.

Alexopoulou L, Holt A C, Medzhitov R, et al. 2001. Recognition of double-stranded RNA and activation of NF-kappaB by Toll-like receptor 3. Nature, 413: 732-738.

Aliprantis A O, Yang R B, Weiss D S, et al. 2000. The apoptotic signaling pathway activated by Toll-like receptor-2. The EMBO Journal, 19: 3325-3336.

Ansari J, Shackelford R E, El-Osta H. 2016. Epigenetics in non-small cell lung cancer: from basics to therapeutics. Translational Lung Cancer Research, 5: 155-171.

Azad N S, Rasool N, Annunziata C M, et al. 2006. Proteomics in clinical trials and practice: present uses and future promise. Molecular & Cellular Proteomics, 5: 1819-1829.

Bao W, Greenwold M J, Sawyer R H. 2016. Expressed miRNAs target feather related mRNAs involved in cell signaling, cell adhesion and structure during chicken epidermal development. Gene, 591: 393-402.

Barbalat R, Ewald S E, Mouchess M L, et al. 2011. Nucleic acid recognition by the innate immune system. Annual Review of Immunology, 29: 185-214.

Barreiro L B, Ben-Ali M, Quach H, et al. 2009. Evolutionary dynamics of human Toll-like receptors and their different contributions to host defense. PLoS Genetics, 5: e1000562.

Baylin S B, Herman J G. 2000. DNA hypermethylation in tumorigenesis: epigenetics joins genetics. Trends in Genetics, 16: 168-174.

Bermingham M L, More S J, Good M, et al. 2009. Genetics of tuberculosis in Irish Holstein-Friesian dairy herds. Journal of Dairy Science, 92: 3447-3456.

Bestor T, Laudano A, Mattaliano R, et al. 1988. Cloning and sequencing of a cDNA encoding DNA methyltransferase of mouse cells. The carboxyl-terminal domain of the mammalian enzymes is related to bacterial restriction methyltransferases. Journal of Molecular Biology, 203: 971-983.

Beutler B. 2004. Toll-like receptors and their place in immunology. Nature Reviews Immunology, 4: 498.

Beutler B, Jiang Z, Georgel P, et al. 2006. Genetic analysis of host resistance: Toll-like receptor signaling and immunity at large. Annual Review of Immunology, 24: 353-389.

Bird A. 2007. Perceptions of epigenetics. Nature, 447: 396-398.

Bowie A, O'Neill L A. 2000. The interleukin-1 receptor/Toll-like receptor superfamily: signal generators for pro-inflammatory interleukins and microbial products. Journal of Leukocyte Biology, 67: 508-514.

Braud M, Magee D A, Park S D, et al. 2017. Genome-wide microRNA binding site variation between extinct wild aurochs and modern cattle identifies candidate microRNA-regulated domestication genes. Frontiers in Genetics, 8: 3.

Bressler J, Shimmin L C, Boerwinkle E, et al. 2011. Global DNA methylation and risk of subclinical atherosclerosis in young adults: the Pathobiological Determinants of Atherosclerosis in Youth (PDAY) study. Atherosclerosis, 219: 958-962.

Brotherstone S, White I M S, Coffey M, et al. 2010. Evidence of genetic resistance of cattle to infection with *Mycobacterium bovis*. Journal of Dairy Science, 93: 1234-1242.

Buchan J R, Parker R. 2007. Molecular biology: the two faces of miRNA. Science, 318: 1877-1878.

Carissimi C, Fulci V, Macino G. 2009. MicroRNAs: novel regulators of immunity. Autoimmunity Reviews, 8: 520-524.

Carletti M Z, Christenson L K. 2009. MicroRNA in the ovary and female reproductive tract. Journal of Animal Science, 87: E29-E38.

Casanova J L, Abel L, Quintana-Murci, L. 2011. Human TLRs and IL-1Rs in host defense: natural insights from evolutionary, epidemiological, and clinical genetics. Annual Review of Immunology, 29: 447-491.

Chen P Y, Feng S, Joo J W, et al. 2011. A comparative analysis of DNA methylation across human embryonic stem cell lines. Genome Biology, 12: 1-12.

Chen S, Lin B Z, Baig M, et al. 2010. Zebu cattle are an exclusive legacy of the South Asia Neolithic. Molecular Biology and Evolution, 27: 1-6.

Chen X, Ba Y, Ma L, et al. 2008. Characterization of microRNAs in serum: a novel class of biomarkers for diagnosis of cancer and other diseases. Cell Research, 18: 997-1006.

Chen X, Gao C, Li H, et al. 2010. Identification and characterization of microRNAs in raw milk during different periods of lactation, commercial fluid, and powdered milk products. Cell Research, 20: 1128-1137.

Cheng X, Blumenthal R M. 2008. Mammalian DNA methyltransferases: a structural perspective. Structure, 16: 341-350.

Cheng Y, Huang C S, Tsai H J. 2016. Relationship of bovine TNF-α gene polymorphisms with the risk of bovine tuberculosis in Holstein cattle. Journal of Veterinary Medical Science, 78: 727-732.

Childerstone A J, Cedillo-Baron L, Foster-Cuevas M, et al. 1999. Demonstration of bovine CD8+ T-cell responses to foot-and-mouth disease virus. Journal of General Virology, 80: 663-669.

Choe J, Kelker M S, Wilson I A. 2005. Crystal structure of human toll-like receptor 3 (TLR3) ectodomain. Science, 309: 581-585.

Clark S J, Harrison J, Frommer M. 1995. CpNpG methylation in mammalian cells. Nature Genetics, 10: 20-27.

Cnops J, De Trez C, Bulte D, et al. 2015. IFN-γ mediates early B-cell loss in experimental African trypanosomosis. Parasite Immunology, 37: 479-484.

Crevel R V, Ottenhoff T H M, Meer J W M V D. 2003. Innate immunity to *Mycobacterium tuberculosis*. Advances in Experimental Medicine & Biology, 531: 241.

Cui Q, Yu Z, Purisima E O, et al. 2007. MicroRNA regulation and interspecific variation of gene expression. Trends in Genetics, 23: 372-375.

Dhepaganon S, Syeda F, Park L. 2011. DNA methyl transferase 1: regulatory mechanisms and implications in health and disease. International Journal of Biochemistry and Molecular Biology, 2: 58-66.

Diebold S S, Kaisho T, Hemmi H, et al. 2004. Innate antiviral responses by means of TLR7-mediated recognition of single-stranded RNA. Science, 303: 1529-1531.

Dumortier O, Hinault C, Van Obberghen E. 2013. MicroRNAs and metabolism crosstalk in energy homeostasis. Cell Metabolism, 18: 312-324.

Fatima A, Morris D G. 2013. MicroRNAs in domestic livestock. Physiological Genomics, 45: 685-696.

Ferrer-Admetlla A, Bosch E, Sikora M, et al. 2008. Balancing selection is the main force shaping the evolution of innate immunity genes. The Journal of Immunology, 181: 1315-1322.

Franzin A M, Maruyama S R, Garcia G R, et al. 2017. Immune and biochemical responses in skin differ between bovine hosts genetically susceptible and resistant to the cattle tick *Rhipicephalus microplus*. Parasites & Vectors, 10: 51.

García-Briones M M, Blanco E, Chiva C, et al. 2004. Immunogenicity and T cell recognition in swine of foot-and-mouth disease virus polymerase 3D. Virology, 322: 264-275.

Garo L P, Murugaiyan G. 2016. Contribution of microRNAs to autoimmune diseases. Cellular and Molecular Life Sciences, 73: 2041-2051.

Gerner W, Denyer M S, Takamatsu H H, et al. 2006. Identification of novel foot-and-mouth disease virus specific T-cell epitopes in c/c and d/d haplotype miniature swine. Virus Research, 121: 223-228.

Gertz J, Varley K E, Reddy T E, et al. 2011. Analysis of DNA methylation in a three-generation family reveals widespread genetic influence on epigenetic regulation. PLoS Genetics, 7: e1002228.

Glass E J, Crutchley S, Jensen K. 2012. Living with the enemy or uninvited guests: functional genomics approaches to investigating host resistance or tolerance traits to a protozoan parasite, *Theileria annulata*, in cattle. Veterinary Immunology and Immunopathology, 148: 178-189.

Goll M G, Kirpekar F, Maggert K A, et al. 2006. Methylation of tRNAAsp by the DNA methyltransferase homolog Dnmt2. Science, 311: 395-398.

Golovan S P, Hakimov H A, Verschoor C P, et al. 2008. Analysis of *Sus scrofa* liver proteome and identification of proteins differentially expressed between genders, and conventional and genetically enhanced lines. Comparative Biochemistry and Physiology Part D: Genomics and Proteomics, 3: 234-242.

Gu Z, Eleswarapu S, Jiang H. 2007. Identification and characterization of microRNAs from the bovine adipose tissue and mammary gland. FEBS Letters, 581: 981-988.

Guzman E, Taylor G, Charleston B, et al. 2008. An MHC-restricted CD8+ T-cell response is induced in cattle by foot-and-mouth disease virus (FMDV) infection and also following vaccination with inactivated FMDV. Journal of General Virology, 89: 667-675.

Haaf T. 2006. Methylation dynamics in the early mammalian embryo: implications of genome reprogramming defects for development. Current Topics in Microbiology & Immunology, 310: 13-22.

Harbers K, Schnieke A, Stuhlmann H, et al. 1981. DNA methylation and gene expression: endogenous retroviral genome becomes infectious after molecular cloning. Proceedings of the National Academy of Sciences of the United States of America, 78: 7609-7613.

Hata K, Okano M, Lei H, et al. 2002. Dnmt3L cooperates with the Dnmt3 family of *de novo* DNA methyltransferases to establish maternal imprints in mice. Development, 129: 1983-1993.

Heil F, Hemmi H, Hochrein H, et al. 2004. Species-specific recognition of single-stranded RNA via toll-like receptor 7 and 8. Science, 303: 1526-1529.

Hemmi H, Kaisho T, Takeuchi O, et al. 2002. Small anti-viral compounds activate immune cells via the TLR7 MyD88-dependent signaling pathway. Nature Immunology, 3: 196-200.

Hermann A, Gowher H, Jeltsch A. 2004. Biochemistry and biology of mammalian DNA methyltransferases. Cellular & Molecular Life Sciences (CMLS), 61: 2571.

Hiltunen M O, Ylä-Herttuala S. 2003. DNA methylation, smooth muscle cells, and atherogenesis. Arteriosclerosis Thrombosis & Vascular Biology, 23: 1750-1753.

Hoffmann J A. 2003. The immune response of *Drosophila*. Nature, 426: 33-38.

Hornung V, Ellegast J, Kim S, et al. 2006. 5′-Triphosphate RNA is the ligand for RIG-Ⅰ. Science, 314: 994-997.

Hotchkiss R D. 1948. The quantitative separation of purines, pyrimidines, and nucleosides by paper chromatography. Journal of Biological Chemistry, 175: 315-332.

Hu H D, Ye F, Zhang D Z, et al. 2010. iTRAQ quantitative analysis of multidrug resistance mechanisms in human gastric cancer cells. Biomed Research International, 2010: 571343.

Hunter M P, Ismail N, Zhang X, et al. 2008. Detection of microRNA expression in human peripheral blood microvesicles. PLoS One, 3: e3694.

Ishii K J, Akira S. 2006. Innate immune recognition of, and regulation by, DNA. Trends in Immunology, 27: 525-532.

Janeway Jr C A, Medzhitov R. 2002. Innate immune recognition. Annual Review of Immunology, 20: 197-216.

Jensen K, Paxton E, Waddington D, et al. 2008. Differences in the transcriptional responses induced by *Theileria annulata* infection in bovine monocytes derived from resistant and susceptible cattle breeds. International Journal for Parasitology, 38: 313-325.

Jin W, Dodson M V, Moore S S, et al. 2010. Characterization of microRNA expression in bovine adipose tissues: a potential regulatory mechanism of subcutaneous adipose tissue development. BMC Molecular Biology, 11: 29.

Jo E K, Yang C S, Choi C H, et al. 2010. Intracellular signalling cascades regulating innate immune responses to *Mycobacteria*: branching out from Toll-like receptors. Cellular Microbiology, 9: 1087-1098.

Jones P A, Baylin S B. 2007. The epigenomics of cancer. Cell, 128: 683-692.

Jonsson N N, Bock R E, Jorgensen W K. 2008. Productivity and health effects of anaplasmosis and babesiosis on *Bos indicus* cattle and their crosses, and the effects of differing intensity of tick control in Australia. Veterinary Parasitology, 155: 1-9.

Jonsson N N, Piper E K, Constantinoiu C C. 2014. Host resistance in cattle to infestation with the cattle tick *Rhipicephalus microplus*. Parasite Immunology, 36: 553-559.

Kaaij L T, Wetering M V D, Fang F, et al. 2013. DNA methylation dynamics during intestinal stem cell differentiation reveals enhancers driving gene expression in the villus. Genome Biology, 14: R50.

Kang D C, Gopalkrishnan R V, Lin L, et al. 2004. Expression analysis and genomic characterization of human melanoma differentiation associated gene-5, mda-5: a novel type I interferon-responsive apoptosis-inducing gene. Oncogene, 23: 1789-1800.

Kasimanickam V R, Kasimanickam R K. 2015. Differential expression of microRNAs in sexually immature and mature canine testes. Theriogenology, 83: 394-398.

Kawai T, Akira S. 2007a. Antiviral signaling through pattern recognition receptors. Journal of Biochemistry, 141: 137-145.

Kawai T, Akira S. 2007b. TLR signaling. Seminars in Immunology, 19: 24-32.

Kawai T, Akira S. 2010. The role of pattern-recognition receptors in innate immunity: update on Toll-like receptors. Nature Immunology, 11: 373-384.

Kawai T, Akira S. 2011. Toll-like receptors and their crosstalk with other innate receptors in infection and immunity. Immunity, 34: 637-650.

Kim M J, Hwang S Y, Imaizumi T, et al. 2008. Negative feedback regulation of RIG- I -mediated antiviral signaling by interferon-induced ISG15 conjugation. Journal of Virology, 82: 1474-1483.

Kim Y J, Hwang S H, Cho H H, et al. 2012. MicroRNA 21 regulates the proliferation of human adipose tissue-derived mesenchymal stem cells and high-fat diet-induced obesity alters microRNA 21 expression in white adipose tissues. Journal of Cellular Physiology, 227: 183-193.

Kluck G E G, Cardoso L S, De Cicco N N T, et al. 2018. A new lipid carrier protein in the cattle tick *Rhipicephalus microplus*. Ticks and Tick-borne Diseases, 9: 850-859.

Kortelainen M L, Huttunen P. 2004. Expression of estrogen receptors in the coronary arteries of young and premenopausal women in relation to central obesity. International Journal of Obesity, 28: 623-627.

Latham T, Gilbert N, Ramsahoye B. 2008. DNA methylation in mouse embryonic stem cells and development. Cell and Tissue Research, 331: 31-55.

Lee H J. 2013. Exceptional stories of microRNAs. Experimental Biology and Medicine, 238: 339-343.

Li B, Luo H, Weng Q, et al. 2016. Differential DNA methylation of the meiosis-specific gene *FKBP6* in testes of yak and cattle-yak hybrids. Reproduction in Domestic Animals, 51: 1030-1038.

Li L, Huang J, Ju Z, et al. 2013. Multiple promoters and targeted microRNAs direct the expressions of *HMGB3* gene transcripts in dairy cattle. Animal Genetics, 44: 241-250.

Li M, Wu H, Luo Z, et al. 2012. An atlas of DNA methylomes in porcine adipose and muscle tissues. Nature Communications, 3: 850-871.

Li Z, Wang H, Chen L, et al. 2014. Identification and characterization of novel and differentially expressed microRNAs in peripheral blood from healthy and mastitis Holstein cattle by deep sequencing. Animal Genetics, 45: 20-27.

Lierop V M J C, Nilsson P R, Wagenaar J P, et al. 1995. The influence of MHC polymorphism on the selection of T-cell determinants of FMDV in cattle. Immunology, 84: 79-85.

Liu W, Cao W C, Zhang C Y, et al. 2004. VDR and NRAMP1 gene polymorphisms in susceptibility to pulmonary tuberculosis among the Chinese Han population: a case-control study. The International Journal of Tuberculosis & Lung Disease, 8: 428-434.

Long J E, Cai X. 2007. *Igf-2r* expression regulated by epigenetic modification and the locus of gene imprinting disrupted in cloned cattle. Gene, 388: 125-134.

Long J E, Chen H X. 2009. Identification and characteristics of cattle microRNAs by homology searching and small RNA cloning. Biochemical Genetics, 47: 329-343.

Loo Y M, Gale Jr M. 2011. Immune signaling by RIG- I -like receptors. Immunity, 34: 680-692.

López C B, Moltedo B, Alexopoulou L, et al. 2004. TLR-independent induction of dendritic cell maturation and adaptive immunity by negative-strand RNA viruses. The Journal of Immunology, 173: 6882-6889.

Ma M J, Xie L P, Wu S C, et al. 2010. Toll-like receptors, tumor necrosis factor-α, and interleukin-10 gene polymorphisms in risk of pulmonary tuberculosis and disease severity. Human Immunology, 71: 1005-1010.

Mao M, Yu M, Tong J H, et al. 1996. RIG-E, a human homolog of the murine Ly-6 family, is induced by retinoic acid during the differentiation of acute promyelocytic leukemia cell. Proceedings of the National Academy of Sciences of the United States of America, 93: 5910-5914.

Mattioli R C, Pandey V S, Murray M, et al. 2000. Immunogenetic influences on tick resistance in African cattle with particular reference to trypanotolerant N'Dama (*Bos taurus*) and trypanosusceptible Gobra zebu (*Bos indicus*) cattle. Acta Tropica, 75: 263-277.

Maudet C, Mano M, Eulalio A. 2014. MicroRNAs in the interaction between host and bacterial pathogens. FEBS Letters, 588: 4140-4147.

Means T K, Jones B W, Schromm A B, et al. 2001. Differential effects of a Toll-like receptor antagonist on *Mycobacterium tuberculosis*-induced macrophage responses. Journal of Immunology, 166: 4074.

Means T K, Wang S, Lien E, et al. 1999. Human toll-like receptors mediate cellular activation by *Mycobacterium tuberculosis*. Journal of Immunology, 163: 3920-3927.

Medzhitov R. 2007. TLR-mediated innate immune recognition. Seminars in Immunology, 19: 1-2.

Mill J, Tang T, Kaminsky Z, et al. 2008. Epigenomic profiling reveals DNA-methylation changes associated with major psychosis. American Journal of Human Genetics, 82: 696-711.

Miretti S, Martignani E, Taulli R, et al. 2011. Differential expression of microRNA-206 in skeletal muscle of female Piedmontese and Friesian cattle. Veterinary Journal, 190: 412-413.

Mogensen T H. 2009. Pathogen recognition and inflammatory signaling in innate immune defenses. Clinical Microbiology Reviews, 22: 240-273.

Naessens J, Teale A, Sileghem M. 2002. Identification of mechanisms of natural resistance to African trypanosomiasis in cattle. Veterinary Immunology and Immunopathology, 87: 187-194.

Namangala B. 2011. Contribution of innate immune responses towards resistance to African trypanosome infections. Scandinavian Journal of Immunology, 75: 5-15.

Ndungu S G, Brown C G, Dolan T T. 2005. *In vivo* comparison of susceptibility between *Bos indicus* and *Bos taurus* cattle types to *Theileria parva* infection. Onderstepoort Journal of Veterinary Research, 72: 13-22.

Netea M G, Brown G D. 2012. Fungal infections: the next challenge. Current Opinion in Microbiology, 15: 403-405.

Niemann H, Carnwath J W, Herrmann D, et al. 2010. DNA methylation patterns reflect epigenetic reprogramming in bovine embryos. Cellular Reprogramming, 12: 33-42.

Paixão T A, Ferreira C, Borges Á M, et al. 2006. Frequency of bovine Nramp1 (Slc11a1) alleles in Holstein and Zebu breeds. Veterinary Immunology & Immunopathology, 109: 37-42.

Paling R W, Moloo S K, Scott J R, et al. 2010a. Susceptibility of N'Dama and Boran cattle to sequential challenges with tsetse-transmitted clones of *Trypanosoma congolense*. Parasite Immunology, 13: 427-445.

Paling R W, Moloo S K, Scott J R, et al. 2010b. Susceptibility of N'Dama and Boran cattle to tsetse-transmitted primary and rechallenge infections with a homologous serodeme of *Trypanosoma congolense*. Parasite Immunology, 13: 413-425.

Penque D. 2009. Two-dimensional gel electrophoresis and mass spectrometry for biomarker discovery. *Proteomics*-Clinical Applications, 3: 155-172.

Pichlmair A, Schulz O, Tan C P, et al. 2006. RIG- I -mediated antiviral responses to single-stranded RNA bearing 5′-phosphates. Science, 314: 997-1001.

Pillai P S, Molony R D, Martinod K, et al. 2016. Mx1 reveals innate pathways to antiviral resistance and lethal influenza disease. Science, 352: 463-466.

Post W S, Goldschmidt-clermont P J, Wilhide C C, et al. 1999. Methylation of the estrogen receptor gene is associated with aging and atherosclerosis in the cardiovascular system. Cardiovascular Research, 43: 985-991.

Rachinsky A. 2008. Proteomic profiling of *Rhipicephalus* (*Boophilus*) *microplus* midgut responses to infection with *Babesia bovis*. Veterinary Parasitology, 152: 294-313.

Radwanska M, Guirnalda P, De Trez C, et al. 2008. Trypanosomiasis-induced B cell apoptosis results in loss of protective anti-parasite antibody responses and abolishment of vaccine-induced memory responses. PLoS Pathogens, 4: e1000078.

Rajaram M V S, Ni B, Dodd C E, et al. 2014. Macrophage immunoregulatory pathways in tuberculosis. Seminars in Immunology, 26: 471-485.

Reizis B, Colonna M, Trinchieri G, et al. 2011. Plasmacytoid dendritic cells: one-trick ponies or workhorses of the immune system? Nature Reviews Immunology, 11: 558-565.

Rodrigues V, Fernandez B, Vercoutere A, et al. 2018. Immunomodulatory effects of *Amblyomma variegatum* saliva on bovine cells: characterization of cellular responses and identification of molecular determinants. Frontiers in Cellular and Infection Microbiology, 7: 521.

Rupp R, Hernandez A, Mallard B A. 2007. Association of bovine leukocyte antigen (BoLA) DRB3.2 with immune response, mastitis, and production and type traits in Canadian Holsteins. Journal of Dairy Science, 90: 1029-1038.

Sugimoto M, Sugimoto Y. 2012. Variant in the 5′ untranslated region of insulin-like growth factor 1 receptor is associated with susceptibility to mastitis in cattle. G3 Genes Genetics, 2: 1077-1084.

Saito T, Hirai R, Loo Y M, et al. 2007. Regulation of innate antiviral defenses through a shared repressor domain in RIG- I and LGP2. Proceedings of the National Academy of Sciences of the United States of America, 104: 582-587.

Sakamoto H, Kogo Y, Ohgane J, et al. 2008. Sequential changes in genome-wide DNA methylation status during adipocyte differentiation. Biochemical & Biophysical Research Communications 366: 360-366.

Sarkar S N, Smith H L, Rowe T M, et al. 2003. Double-stranded RNA signaling by Toll-like receptor 3 requires specific tyrosine residues in its cytoplasmic domain. Journal of Biological Chemistry, 278: 4393-4396.

Schlee M, Hartmann G. 2010. The chase for the RIG-Ⅰ ligand-recent advances. Molecular Therapy, 18: 1254-1262.

Selamat S A, Galler J S, Joshi A D, et al. 2011. DNA methylation changes in atypical adenomatous hyperplasia, adenocarcinoma in situ, and lung adenocarcinoma. PLoS One, 6: e21443.

Selvaraj P, Harishankar M, Brijendra S, et al. 2010. Toll-like receptor and TIRAP gene polymorphisms in pulmonary tuberculosis patients of South India. Tuberculosis, 90: 306-310.

Singal R, Ginder G D. 1999. DNA methylation. Blood, 93: 4059-4070.

Song Y, Sun L, Guo A, et al. 2014. Toll-like receptor 6 gene polymorphisms increase the risk of bovine tuberculosis in Chinese Holstein cattle. Acta Histochemica, 116: 1159-1162.

Staedel C, Darfeuille F. 2013. MicroRNAs and bacterial infection. Cellular Microbiology, 15: 1496-1507.

Sun J, Zhang B, Lan X, et al. 2014. Comparative transcriptome analysis reveals significant differences in microRNA expression and their target genes between adipose and muscular tissues in cattle. PLoS One, 9: e102142.

Suzuki Jr J, Therrien J, Filion F, et al. 2011. Loss of methylation at *H19* DMD is associated with biallelic expression and reduced development in cattle derived by somatic cell nuclear transfer. Biology of Reproduction, 84: 947-956.

Takeda K, Akira S. 2003. Toll receptors and pathogen resistance. Cell Microbiol, 5: 143-153.

Takeuchi O, Akira S. 2010. Pattern recognition receptors and inflammation. Cell, 140: 805-820.

Taylor K A. 1998. Immune responses of cattle to African trypanosomes: protective or pathogenic? International Journal for Parasitology, 28: 219.

Tesfaye D, Worku D, Rings F, et al. 2009. Identification and expression profiling of microRNAs during bovine oocyte maturation using heterologous approach. Molecular Reproduction and Development, 76: 665-677.

Thompson M R, Kaminski J J, Kurt-Jones E A, et al. 2011. Pattern recognition receptors and the innate immune response to viral infection. Viruses, 3: 920-940.

Trail J C, D'Ieteren G D, Maille J C, et al. 1991. Genetic aspects of control of anaemia development in trypanotolerant N'Dama cattle. Acta Tropica, 48: 285.

Troy C S, Machugh D E, Bailey J F, et al. 2001. Genetic evidence for Near-Eastern origins of European cattle. Nature, 410: 1088.

Uematsu S, Akira S. 2006. The role of Toll-like receptors in immune disorders. Expert Opinion on Biological Therapy, 6: 203-214.

Velez D R, Hulme W F, Myers J L, et al. 2009. NOS2A, TLR4, and IFNGR1 interactions influence pulmonary tuberculosis susceptibility in African-Americans. Human Genetics, 126: 643-653.

Vasudevan S, Tong Y, Steitz J A. 2007. Switching from repression to activation: microRNAs can up-regulate translation. Science, 318: 1931-1934.

Vegh P, Foroushani A B, Magee D A, et al. 2013. Profiling microRNA expression in bovine alveolar macrophages using RNA-seq. Veterinary Immunology and Immunopathology, 155: 238-244.

Vegh P, Magee D A, Nalpas N C, et al. 2015. MicroRNA profiling of the bovine alveolar macrophage response to *Mycobacterium bovis* infection suggests pathogen survival is enhanced by microRNA regulation of endocytosis and lysosome trafficking. Tuberculosis, 95: 60-67.

Vilain A, Bernardino J, Gerbaultseureau M, et al. 2000. DNA methylation and chromosome instability in lymphoblastoid cell lines. Cytogenetics & Genome Research, 90: 93-101.

Weiss G, Schaible U E. 2015. Macrophage defense mechanisms against intracellular bacteria. Immunological Reviews, 264: 182-203.

Wicik Z, Gajewska M, Majewska A, et al. 2016. Characterization of microRNA profile in mammary tissue of dairy and beef breed heifers. Journal of Animal Breeding and Genetics, 133: 31-42.

Wittenberger T, Sleigh S, Reisel D, et al. 2017. DNA methylation markers for early detection of women's cancer: promise and challenges. Epigenomics, 6: 311-327.

Wojdak-Maksymiec K, Szyda J, Strabel T. 2013. Parity-dependent association between TNF-α and LTF gene polymorphisms and clinical mastitis in dairy cattle. BMC Veterinary Research, 9: 114.

Wu Z D, Lü Z Y, Yu X B. 2005. Development of a vaccine against *Schistosoma japonicum* in China: a review. Acta Tropica, 96: 106-116.

Wu W W, Wang G, Baek S J, et al. 2006. Comparative study of three proteomic quantitative methods, DIGE, cICAT, and iTRAQ, using 2D gel- or LC-MALDI TOF/TOF. Journal of Proteome Research, 5: 651-658.

Yamamoto M, Yamazaki S, Uematsu S, et al. 2004. Regulation of Toll/IL-1-receptor-mediated gene expression by the inducible nuclear protein IκBζ. Nature, 430: 218-222.

Yang Y, Song Z W, Han L, et al. 2015. Detection of peripheral blood Reelin gene methylation in patients with first-episode schizophrenia. Laboratory Medicine & Clinic, 1: 1-20.

Yang Y X, Zhao X X, Yong Z. 2009. Proteomic analysis of mammary tissues from healthy cows and clinical mastitic cows for identification of disease-related proteins. Veterinary Research Communications, 33: 295-303.

Ye H, Sun L, Huang X, et al. 2010. A proteomic approach for plasma biomarker discovery with 8-plex iTRAQ labeling and SCX-LC-MS/MS. Molecular and Cellular Biochemistry, 343: 91-99.

Yoneyama M, Kikuchi M, Matsumoto K, et al. 2005. Shared and unique functions of the DExD/h-Box helicases RIG-Ⅰ, MDA5, and LGP2 in antiviral innate immunity. The Journal of Immunology, 175: 2851-2858.

Yoneyama M, Kikuchi M, Natsukawa T, et al. 2004. The RNA helicase RIG-Ⅰ has an essential function in double-stranded RNA-induced innate antiviral responses. Nature Immunology, 5: 730-737.

You J S, Jones P A. 2012. Cancer genetics and epigenetics: two sides of the same coin? Cancer Cell, 22: 9-20.

Yount J S, Moran T M, Lopez C B. 2007. Cytokine-independent upregulation of MDA5 in viral infection. Journal of Virology, 81: 7316-7319.

Zhai Q, Fu Z, Hong Y, et al. 2018. iTRAQ-based comparative proteomic analysis of adult *Schistosoma japonicum* from water buffalo and yellow cattle. Frontiers in Microbiology, 9: 99.

Zhang J, Li C, Tang X, et al. 2015. High concentrations of atmospheric ammonia induce alterations in the hepatic proteome of broilers (*Gallus gallus*): an iTRAQ-based quantitative proteomic analysis. PLoS One, 10: e0123596.

Zhang L, Hou D, Chen X, et al. 2012. Exogenous plant MIR168a specifically targets mammalian LDLRAP1: evidence of cross-kingdom regulation by microRNA. Cell Research, 22: 107-126.

Zhang L N, Liu P P, Wang L, et al. 2013. Lower ADD1 gene promoter DNA methylation increases the risk of essential hypertension. PLoS One, 8: e63455.

Zhang W W, Sun X F, Tong H L, et al. 2016. Effect of differentiation on microRNA expression in bovine skeletal muscle satellite cells by deep sequencing. Cellular & Molecular Biology Letters, 21: 8.

Zhou X Y, Liu L L, Jia W C, et al. 2016. Methylation profile of bovine *Oct4* gene coding region in relation to three germ layers. Journal of Integrative Agriculture, 15: 618-628.

Zhu K, Liu M, Fu Z, et al. 2017. Plant microRNAs in larval food regulate honeybee caste development. PLoS Genetics, 13: e1006946.

第 3 章　候选基因序列变异与普通牛和瘤牛间抗病力差异分析

3.1　Toll 样受体基因序列变异与云南普通牛和瘤牛间抗病力差异分析

3.1.1　材料与方法

3.1.1.1　实验材料

本研究选用了 5 个云南家牛地方品种共 144 个样本，分别是采自德宏傣族景颇族自治州的德宏高峰牛、楚雄彝族自治州的滇中牛、大理白族自治州的邓川牛、昭通市的昭通牛与文山壮族苗族自治州的文山牛。此外，从 GenBank 数据库中下载了水牛（*Bubalus bubalis*）的序列作为外群，同时还下载了美洲草原野牛（*Bison bison bison*）和牦牛（*Bos grunniens*）相关基因的序列（表 3.1）。

表 3.1　样本及序列详细信息

样本	样品数量	采集地	GenBank 登录号
德宏高峰牛（DHMS）	32	德宏芒市	
滇中牛（CXSB）	20	楚雄双柏	
邓川牛（DLEY）	30	大理洱源	
昭通牛（ZTLD）	32	昭通鲁甸	
文山牛（WSGN）	30	文山广南	
水牛	*TLR3*		NM_001290981
	TLR8		NM_001290928
	DDX58		XM_006060270
美洲草原野牛	*TLR3*		NW_011494622
	TLR8		XM_010830635
	DDX58		XM_010839604
牦牛	*TLR8*		KM359140
	DDX58		JH883408

3.1.1.2　实验方法

1. DNA 提取

本实验中的 DNA 提取参照天根生化科技（北京）有限公司的血液/细胞/组织基因组提取试剂盒中的说明书上的操作步骤完成。

2. PCR 引物与扩增

从 GenBank 数据库中下载普通牛（*Bos taurus*）的 *TLR3* 和 *TLR8* 基因序列，针对其编码序列使用 Primer5.0 自行设计引物，引物由硕擎生物科技有限公司合成。*TLR3* 共测了 5698bp，使用了 13 条引物；*TLR8* 共测了 3324bp，使用了 10 条引物，合计 23 条引物（表 3.2）。此外，本实验 PCR 扩增参数与体积（50μL）详见表 3.3。PCR 扩增一般包括预变性、变性、复性、延伸与最后延伸等步骤，详细反应步骤及条件见表 3.4。

表 3.2　*TLR3* 和 *TLR8* 基因的 PCR 扩增引物序列信息

引物名称	引物序列（5'→3'）	引物名称	引物序列（5'→3'）
TLR3-1F	ACCAGGGAAGGGGAGAGTTT	TLR8-1F1	CCAAAGCTTTCCATGTTTTCTTGT
TLR3-1-W1R	GATTTTGGACTCGACACT	TLR8-1F2	ACTGCAATTTCTTTAACCGTTCAG
TLR3-2F	CCCAAAGCACAGACGAAACAAA	TLR8-2R1	GACTATGCCTGTGACCCCTG
TLR3-3F	AAGATGTGGGTGCTGAGTAGTG	TLR8-2Fint	ACACAACTGAAAAGCGCGTC
TLR3-3Fint	TGACGAGTTGCTGAAGGGTC	TLR8-WNF	CCCAAGTTGATAGTCGT
TLR3-4F	GTCCCTGAACCACCAGGAAA	TLR8-1R1	CAGGGGCTCGAAATCTTCCT
TLR3-3Rint CW1R	TTGGGCAAGAACTCACAGG	TLR8-2F1	CCTGACCCAACTTCGCTACC
TLR3-1R	GGCCAAGGGATGCTCAGTTT	TLR8-2R2	GTGACCCCTGGCTTAACATCA
TLR3-W1R	ACCAGGCAATGCTTTCAC	TLR8-2Rint	GCCGAAGGTTATTACGGGC
TLR3-2R	CGGAACTTGAATCATTTGCCCA	TLR8-WNR	GACAAGAATGTGCTCCT
TLR3-3R	TGCTGCAGAGAAACTAGGCC		
TLR3-3Rint	GACCCTTCAGCAACTCGTCA		
TLR3-4R	ACAAAAGGCCTGAAATAGGGAG		

表 3.3　PCR 扩增参数与体积

反应成分	体积（μL）
10×LA PCR reaction buffer	5.0
dNTP（0.25mmol/L）	4
MgCl$_2$	3～6
正引物（10pmol/μL）	1
反引物（10pmol/μL）	1
LA *Taq* DNA 聚合酶（1U）	0.3～0.5
模板 DNA	3～5
ddH$_2$O	加至 50

表 3.4 PCR 反应步骤及条件

反应步骤	温度（℃）	时间（min）	
预变性	95	5	
变性	94	1	
复性	49～60	1	35 个循环
延伸	72	1	
最后延伸	72	10	
保存	4	∞	

3. 电泳检测与测序

当 PCR 反应结束后，取 1.5g 胶粉制成 1.5%的琼脂糖凝胶进行电泳检测。检测时，每个样品取 2μL 与 loading buffer（已加入核酸染料）混匀。然后，在 120V 恒压下进行电泳，之后使用凝胶成像仪拍照并观察其结果，确认阴性对照无条带扩增后，对于扩增效果好且足量的样品，送往北京六合华大基因科技有限公司广州分公司或硕擎生物科技有限公司进行双向测序。

3.1.1.3 数据分析

利用 DNASTAR 软件包中的 SeqMan 和 EditSeq 程序对测序所得的序列进行比对与编辑。将编辑好的序列用 GenBank 数据库中的 Blast 进行比对，以确保所得序列为我们所需的目的片段。然后在 BioEdit 软件中对所得序列进行比对及人工校正，将比对好的序列使用 MEGA6.0（Tamura et al.，2013）软件，将 DNA 编码区翻译成蛋白质序列，检测突变状况。此外，将本研究所得序列及从 GenBank 数据库中下载的序列分别利用 MEGA6.0（Tamura et al.，2013）软件计算序列碱基组成含量、变异位点，然后使用 Dnasp 5.10 计算所测数据的单倍型、单倍型多态性、核苷酸多态性（Pi）和遗传分化指数等。用 PopART 基于 Median-joining 法构建中介网络图。

为了检测选择压力，利用 PAML 软件包中 codeml 程序的最大似然模型对 5 个云南家牛地方品种的 *TLR3*、*TLR8*、*DDX58* 基因进行选择压力分析。我们选择"位点特异性模型"（site-specific model）对位点进行选择压力分析。在位点特异性模型中，假设各进化枝之间有固定的 ω 值，而允许不同氨基酸位点之间 ω 值有变化（Nielsen and Yang，1998；Yang et al.，2000；Yang and Swanson，2002）。选取 M1a（接近中性，假设 $0<\omega<1$）和 M2a（正选择，假设 $\omega>1$）及 M7（β）和 M8（β and ω）两对位点模型来进行似然率检验（Swanson and Vacquier，2002）。自由度为所比较的两个模型包含的参数数目之差（Yang et al.，2005）。

PolyPhen-2 是通过迭代贪婪算法利用一些序列和基于结构功能预测的一个自

动概率分类器（Adzhubei et al.，2010），其利用结构和比较进化预测氨基酸取代对蛋白质稳定性与功能的可能影响。它可以进行单核苷酸多态性（SNP）的功能注释，映射编码的 SNP 到基因转录本，提取蛋白质序列注释与结构属性，构建保护配置文件，以及评估错义突变（Adzhubei et al.，2013）。

对于非同义突变位点，通过设置 AA_1 为除德宏高峰牛外的其余 4 个云南家牛地方品种序列，AA_2 为德宏高峰牛序列，从 AA_1 所代表蛋白质序列中采取某个氨基酸与 AA_2 中该氨基酸发生替换，检测该氨基酸替换会在蛋白质功能与结构上所产生的影响。结果分数在 0～1，越接近 1 表示该非同义突变损害性越大，越接近 0 表示该非同义突变损害性越小。通常结果会显示为良性（Benign，0～0.446）、有可能损害（Possible Damaging，0.447～0.908）、损害或很可能损害（Damaging or Probably Damaging，0.909～1）。参考 Chen 等（2013）对猪多态性位点的蛋白质功能预测方法，本研究仅显示良性（Benign，0～0.446）与非良性（Damaging，0.447～1）。

使用 Arlequin 3.5.2 软件分别统计 3 个基因在云南家牛地方品种间的单倍型频率，并使用 MitoTool（http://mitotool.kiz.ac.cn/）检测突变位点在云南家牛地方品种之间分布频率的显著性（$P<0.05$）。

3.1.2　结果与分析

3.1.2.1　*TLR3* 基因

1. *TLR3* 基因单倍型分析

本研究所测定的 *TLR3* 基因片段长度为 5698bp，其中编码区为 2712bp。实验选取了耳皮组织样本，其中德宏高峰牛 22 个、滇中牛 12 个、邓川牛 21 个、文山牛 23 个、昭通牛 27 个，结合了美洲草原野牛和水牛的编码区序列共计 107 个样本。使用 Dnasp 5.10 对所有个体进行单倍型构建 PHASE 分析后共获得 50 个单倍型。从表 3.5 可以看出，Hap_3 含有的个体数量最多，为 62 个，占总数的 28.9%。Hap_3 和 Hap_9 为 5 个家牛地方品种的共享单倍型。Hap_19 至 Hap_50 所含的个体数均较少，大部分单倍型仅含有 1 个个体。从表 3.5 分布状况可知，滇中牛的单倍型主要集中在 Hap_1～Hap_13，德宏高峰牛的单倍型主要集中在 Hap_3、Hap_6、Hap_9、Hap_10、Hap_12、Hap_14～Hap_18，邓川牛的单倍型主要集中在 Hap_3、Hap_5、Hap_7、Hap_9、Hap_12、Hap_16、Hap_18～Hap_27，文山牛的单倍型主要集中在 Hap_3、Hap_5～Hap_7、Hap_9～Hap_11、Hap_14、Hap_18、Hap_24、Hap_28～Hap_37，昭通牛的单倍型主要集中在 Hap_3、Hap_5～Hap_7、Hap_9、Hap_11、Hap_12、Hap_16、Hap_18、Hap_20、Hap_21、Hap_35、Hap_38～Hap_50（表 3.5）。

表 3.5　基于 *TLR3* 基因的云南 5 个家牛地方品种单倍型的分布（个）

单倍型	美洲草原野牛	水牛	滇中牛	德宏高峰牛	邓川牛	文山牛	昭通牛	共计
Hap_1	2	0	0	0	0	0	0	2
Hap_2	0	2	0	0	0	0	0	2
Hap_3	0	0	9	23	3	14	13	62
Hap_4	0	0	1	0	0	0	0	1
Hap_5	0	0	3	0	11	7	13	34
Hap_6	0	0	1	3	0	1	1	6
Hap_7	0	0	1	0	1	1	1	4
Hap_8	0	0	1	0	0	0	0	1
Hap_9	0	0	2	4	1	5	4	16
Hap_10	0	0	2	1	0	1	0	4
Hap_11	0	0	1	0	0	1	1	3
Hap_12	0	0	2	1	6	0	3	12
Hap_13	0	0	1	0	0	0	0	1
Hap_14	0	0	0	2	0	1	0	3
Hap_15	0	0	0	2	0	0	0	2
Hap_16	0	0	0	5	3	0	1	9
Hap_17	0	0	0	2	0	0	0	2
Hap_18	0	0	0	1	3	2	1	7
Hap_19	0	0	0	0	1	0	0	1
Hap_20	0	0	0	0	1	0	1	2
Hap_21	0	0	0	0	2	0	1	3
Hap_22	0	0	0	0	1	0	0	1
Hap_23	0	0	0	0	1	0	0	1
Hap_24	0	0	0	0	3	1	0	4
Hap_25	0	0	0	0	1	0	0	1
Hap_26	0	0	0	0	1	0	0	1
Hap_27	0	0	0	0	3	0	0	3
Hap_28	0	0	0	0	0	2	0	2
Hap_29	0	0	0	0	0	2	0	2
Hap_30	0	0	0	0	0	1	0	1
Hap_31	0	0	0	0	0	1	0	1
Hap_32	0	0	0	0	0	1	0	1
Hap_33	0	0	0	0	0	1	0	1
Hap_34	0	0	0	0	0	1	0	1
Hap_35	0	0	0	0	0	1	1	2
Hap_36	0	0	0	0	0	1	0	1
Hap_37	0	0	0	0	0	1	0	1
Hap_38	0	0	0	0	0	0	1	1
Hap_39	0	0	0	0	0	0	1	1
Hap_40	0	0	0	0	0	0	1	1
Hap_41	0	0	0	0	0	0	1	1
Hap_42	0	0	0	0	0	0	1	1
Hap_43	0	0	0	0	0	0	1	1
Hap_44	0	0	0	0	0	0	1	1
Hap_45	0	0	0	0	0	0	1	1
Hap_46	0	0	0	0	0	0	1	1

续表

单倍型	美洲草原野牛	水牛	滇中牛	德宏高峰牛	邓川牛	文山牛	昭通牛	共计
Hap_47	0	0	0	0	0	0	1	1
Hap_48	0	0	0	0	0	0	1	1
Hap_49	0	0	0	0	0	0	1	1
Hap_50	0	0	0	0	0	0	1	1
共计	2	2	24	44	42	46	54	214

2. *TLR3* 基因单倍型核苷酸序列碱基组成

利用 MEGA6.0 软件对所得单倍型进行碱基组成统计分析，结果显示，T 含量最高，为 29.3%；A 含量为 29.1%；G 含量最低，仅有 18.7%。A+T 含量为 58.4%，G+C 含量为 41.6%，A+T 含量明显高于 G+C 含量，说明在 *TLR3* 基因编码区中富含 A、T 碱基（表 3.6）。

表 3.6　TLR3 基因单倍型核苷酸序列碱基组成（%）

单倍型	T	C	A	G	单倍型	T	C	A	G
Hap_1	29.2	22.9	29.1	18.8	Hap_26	29.3	22.9	29.0	18.8
Hap_2	29.3	23.0	29.3	18.4	Hap_27	29.3	22.9	29.0	18.8
Hap_3	29.3	22.9	29.1	18.7	Hap_28	29.4	22.9	29.0	18.8
Hap_4	29.4	22.9	28.9	18.7	Hap_29	29.3	22.9	29.1	18.8
Hap_5	29.3	22.9	29.0	18.8	Hap_30	29.3	22.9	29.1	18.7
Hap_6	29.4	22.9	29.0	18.7	Hap_31	29.4	22.9	29.0	18.7
Hap_7	29.4	22.9	29.1	18.7	Hap_32	29.3	22.9	29.1	18.8
Hap_8	29.3	22.9	29.1	18.7	Hap_33	29.3	22.9	29.0	18.8
Hap_9	29.3	22.9	29.0	18.7	Hap_34	29.3	22.9	29.1	18.7
Hap_10	29.3	22.9	29.0	18.7	Hap_35	29.3	22.9	29.1	18.7
Hap_11	29.4	22.9	29.1	18.7	Hap_36	29.3	22.9	29.0	18.8
Hap_12	29.5	22.8	29.0	18.7	Hap_37	29.4	22.9	29.1	18.7
Hap_13	29.3	23.0	29.0	18.7	Hap_38	29.3	22.9	29.0	18.8
Hap_14	29.3	22.9	29.1	18.7	Hap_39	29.4	22.9	29.1	18.7
Hap_15	29.4	22.9	29.2	18.5	Hap_40	29.3	22.9	29.0	18.8
Hap_16	29.3	23.0	29.0	18.7	Hap_41	29.4	22.9	29.1	18.7
Hap_17	29.3	22.9	29.1	18.7	Hap_42	29.3	22.9	29.0	18.7
Hap_18	29.3	22.9	29.1	18.7	Hap_43	29.3	22.9	29.0	18.8
Hap_19	29.4	22.9	29.0	18.7	Hap_44	29.4	22.9	29.1	18.7
Hap_20	29.3	22.9	29.1	18.7	Hap_45	29.3	22.9	29.1	18.7
Hap_21	29.3	22.9	29.1	18.7	Hap_46	29.3	22.9	29.1	18.7
Hap_22	29.3	22.9	29.1	18.7	Hap_47	29.3	22.9	29.1	18.7
Hap_23	29.3	22.9	29.1	18.7	Hap_48	29.3	23.0	29.0	18.7
Hap_24	29.3	23.0	29.1	18.7	Hap_49	29.4	22.9	29.1	18.7
Hap_25	29.3	22.9	29.1	18.7	Hap_50	29.3	22.9	29.1	18.7
平均值	29.3	22.9	29.1	18.7					

3. *TLR3* 基因中介网络图分析

对上述 50 个单倍型采用 PopART 基于 Median-joining 法构建了中介网络图（图 3.1）。结果显示，所有单倍型分为 2 个单倍型类群 A 和 B，其中单倍型类群 A 包含了 5 个家牛地方品种的样本，共有 28 个单倍型；以 Hap_3 为主要单倍型，占总体比例的 37%；Hap_9、Hap_16、Hap_12 也为较为集中的单倍型，以 Hap_9 所在分支含有个体数最多，拥有 52 个；Hap_10 为单倍型类群 A 与单倍型类群 B 相接的一个单倍型。而单倍型类群 B 共含有 22 个单倍型，其中以 Hap_5 为主，含有 34 个个体，以邓川牛为主，缺少德宏高峰牛，邓川牛数量占 Hap_5 总体比例的 38.2%。

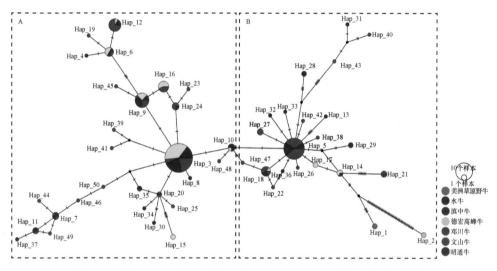

图 3.1　基于 *TLR3* 基因序列构建的 5 个家牛地方品种的单倍型网络图
圆圈区域大小与单倍型频率成正比，短划线代表单倍型间的核苷酸替换数目

4. *TLR3* 基因遗传多样性分析

利用 Dnasp 5.10 软件计算云南 5 个家牛地方品种的遗传多样性指数（表 3.7）。结果显示，5 个云南地方品种中昭通牛、文山牛与邓川牛拥有较多的多态性位点，分别为 30 个、26 个与 23 个。邓川牛的单倍型多态性最高（0.900 12），德宏高峰牛最低（0.7093）。核苷酸多态性最高的为邓川牛（0.001 64），较低的两个品种为德宏高峰牛（0.0009）与滇中牛（0.001 16）。5 个地方品种之间的平均核苷酸差异数在 2.438 69～4.440 19，邓川牛最高（4.440 19），德宏高峰牛最低（2.438 69）。中性检测的 4 个结果显示，5 个地方品种的 Tajima' *D* 与 Fay and Wu's *H* 测试结果均为负值；德宏高峰牛与邓川牛中的 Fu and Li's *D* 与 Fu and Li's *F* 测试结果为正值，其余 3 个地方品种结果均为负值，5 个地方品种的 4 个中性检测结果 *P* 值都大于 0.01，均不具有显著性。

表 3.7　*TLR3* 基因序列的遗传多样性

遗传多样性指数	滇中牛	德宏高峰牛	邓川牛	文山牛	昭通牛
序列数目	24	44	42	46	54
单倍型数目	12	10	16	20	25
多态性位点数	16	14	23	26	30
单倍型多态性	0.855 07	0.709 3	0.900 12	0.875 36	0.884 7
平均核苷酸差异数	3.155 8	2.438 69	4.440 19	3.246 38	3.762 4
核苷酸多态性	0.001 16	0.000 9	0.001 64	0.001 2	0.001 39
Tajima' D	−0.938 11	−0.751 52	−0.682 31	−1.500 17	−1.475 07
Fu and Li's D	−0.286 6	1.129 15	0.536 57	−1.010 47	−0.656 02
Fu and Li's F	−0.601 5	0.574 6	0.115 46	−1.439 42	−1.170 97
Fay and Wu's H	−2.992 75	−5.866 81	−1.797 91	−5.596 14	−5.215 93

注：未标注*表示 $P>0.10$

5. *TLR3* 基因选择压力分析

使用"位点特异性模型"计算出 20 个受到正选择作用的位点，共有 9 个位点显示出显著性，其中的 3 个位点显示为极显著，即 26A、220A 与 221L（表 3.8）。26A、161S、227L、507P 这 4 个受到正选择作用的位点虽具有显著性，但所具有的个体数量较少（≤3 个）。

表 3.8　*TLR3* 基因正选择作用位点

模型	ln$L$	正选择位点 （BEB value）	2Δln$L$	df
M1a	−4 302.524 723			
M2a	−4 268.520 594	26A（0.998**）；161S（0.979*）；166G（0.690）；220A（1.000**）；221L（0.997**）223E（0.638）；227L（0.974*）；267T（0.662）；317R（0.666）；339I（0.970*）；371I（0.574）；394L（0.706）；401T（0.976*）；406A（0.622）；507P（0.979*）；587R（0.637）；664I（0.968*）；670S（0.624）；710N（0.605）；766D（0.576）	（M1a vs M2a）=68.001	2
M7	−4 268.489 245			
M8	−4 268.489 245	26A（0.999**）；161S（0.989*）；166G（0.748）；220A（1.000**）；221L（0.999**）223E（0.701）；227L（0.987*）；267T（0.722）；317R（0.726）；339I（0.984*）；371I（0.642）；394L（0.761）；401T（0.988*）；406A（0.687）；507P（0.989*）；587R（0.700）；664I（0.983*）；670S（0.670）；710N（0.671）；766D（0.644）	（M7 vs M8）=74.193	2

*表示显著，**表示极显著；ln$L$. 最大似然值的对数；BEB value. 表示通过贝叶斯经验贝叶斯算法（BEB）计算的正选择位点的后验概率；df. 自由度

6. *TLR3* 基因蛋白质功能预测

对上述所检测到的受正选择作用并具有一定显著性的 5 个位点利用 PolyPhen-2 进行蛋白质功能的预测（表 3.9）。结果显示，由 5 个多态性位点引起的氨基酸替换对蛋白质功能的影响结果预测均为良性（Benign）。

表 3.9　*TLR3* 基因变异位点对蛋白质功能的预测

SNP 位点	氨基酸替换	分数	预测
g.658G>A	Ala220Pro	0	Benign
g.661C>A	Leu221Ile	0	Benign
g.1015A>G	Ile339Val	0	Benign
g.1201A>T	Thr401Ser	0	Benign
g.1991T>G	Ile664Ser	0.096	Benign

7. *TLR3* 基因变异位点分布频率

使用 Arlequin 3.5.2 及 MitoTool 对云南 5 个家牛地方品种中各多态性位点的分布频率进行统计分析（表 3.10），结果显示，当用瘤牛类型的德宏高峰牛分别与普通牛类型的滇中牛、邓川牛、文山牛、昭通牛进行比较时，在 g.658G>A 位点上德宏高峰牛与昭通牛分布频率出现显著差异，g.1991T>G 上德宏高峰牛与文山牛、昭通牛、邓川牛分布频率均出现了显著性差异。

3.1.2.2　*TLR8* 基因

1. *TLR8* 基因单倍型分析

本研究测定的 *TLR8* 基因片段的长度为 3324bp，其中包括 3099bp 的编码区。实验中共选取了样本邓川牛 24 个、文山牛 30 个、昭通牛 25 个、滇中牛 15 个、德宏高峰牛 30 个，并从 GenBank 中下载了牦牛、美洲草原野牛和水牛编码区序列共计 127 个样本，使用 Dnasp 5.10 对所有个体进行单倍型构建 PHASE 分析之后共获得 27 个单倍型，其中 Hap_11 为最大单倍型，含 106 个个体，占个体总数的 41.7%，为 5 个地方家牛品种所共享；Hap_7、Hap_9 与 Hap_10 分别由 32 个、27 个与 23 个个体组成，各占总数的 12.6%、10.6%、9.1%。除这三个单倍型之外别的单倍型所拥有个体数量较为均匀。德宏高峰牛仅具有 3 个单倍型，Hap_11 中德宏高峰牛个体数量达到 44 个，相比其他 4 个家牛地方品种体现了更强的集中性（表 3.11）。

2. *TLR8* 基因单倍型核苷酸序列碱基组成

利用 MEGA6.0 对各单倍型的碱基组成进行统计，结果显示，A 含量最高，为 29.1%，G 含量最低，为 19.5%。A+T 含量为 57.9%，而 G+C 含量为 42.1%，可以发现 A+T 含量明显比 G+C 含量要高，说明在 *TLR8* 基因编码区富含 A、T 这两种碱基（表 3.12）。

表 3.10　*TLR3* 基因多态性位点在德宏高峰牛与其他 4 个云南家牛地方品种中的分布频率

SNP位点	等位基因	德宏高峰牛	滇中牛	P值	德宏高峰牛	邓川牛	P值	德宏高峰牛	文山牛	P值	德宏高峰牛	昭通牛	P值
g.658	G	44 (100%)	22 (92%)	0.052	44 (100%)	41 (97.6%)	0.537	44 (100%)	44 (95.7%)	0.162	44 (100%)	47 (87%)	0.013 2**
	A	0 (0%)	2 (8.0%)		0 (0%)	1 (2.4%)		0 (0%)	2 (4.3%)		0 (0%)	7 (13%)	
g.661	C	40 (91%)	24 (100%)	0.128	40 (91%)	38 (90%)	0.945	40 (91%)	40 (100%)	0.551	40 (91%)	51 (94%)	0.5
	A	4 (9%)	0 (0%)		4 (9%)	4 (10%)		4 (9%)	6 (0%)		4 (9%)	3 (6%)	
g.1015	A	31 (70%)	18 (75%)	0.689	31 (70%)	31 (74%)	0.73	31 (70%)	37 (80%)	0.27	31 (70%)	42 (78%)	0.41
	G	13 (30%)	6 (25%)		13 (30%)	11 (26%)		13 (30%)	9 (20%)		13 (30%)	12 (22%)	
g.1201	A	40 (91%)	20 (83.3%)	0.351	40 (91%)	35 (83%)	0.29	40 (91%)	45 (98%)	0.15	40 (91%)	49 (91%)	0.98
	T	4 (9%)	4 (16.7%)		4 (9%)	7 (17%)		4 (9%)	1 (2%)		4 (9%)	5 (9%)	
g.1991	T	39 (88.6%)	20 (83.3%)	0.54	39 (88.6%)	21 (50%)	0.000 1**	39 (88.6%)	29 (63%)	0.004 74**	39 (88.6%)	35 (50%)	0.006 4**
	G	5 (11.4%)	4 (16.7%)		5 (11.4%)	21 (50%)		5 (11.4%)	17 (37%)		5 (11.4%)	19 (50%)	

*表示显著，**表示极显著

表 3.11　基于 *TLR8* 基因的云南 5 个家牛地方品种单倍型的分布（个）

单倍型	滇中牛	德宏高峰牛	邓川牛	文山牛	昭通牛	水牛	牦牛	美洲草原野牛	共计
Hap_1	0	0	0	0	0	2	0	0	2
Hap_2	0	0	0	0	0	0	2	0	2
Hap_3	0	0	0	0	0	0	0	2	2
Hap_4	1	0	0	0	0	0	0	0	1
Hap_5	1	0	0	0	0	0	0	0	1
Hap_6	4	0	0	0	0	0	0	0	4
Hap_7	4	4	9	5	10	0	0	0	32
Hap_8	3	0	0	0	0	0	0	0	3
Hap_9	3	0	8	9	7	0	0	0	27
Hap_10	4	12	0	6	1	0	0	0	23
Hap_11	8	44	17	21	16	0	0	0	106
Hap_12	1	0	1	0	0	0	0	0	2
Hap_13	1	0	0	1	0	0	0	0	2
Hap_14	0	0	5	7	2	0	0	0	14
Hap_15	0	0	4	3	3	0	0	0	10
Hap_16	0	0	1	0	0	0	0	0	1
Hap_17	0	0	3	0	2	0	0	0	5
Hap_18	0	0	0	1	0	0	0	0	1
Hap_19	0	0	0	2	0	0	0	0	2
Hap_20	0	0	0	1	0	0	0	0	1
Hap_21	0	0	0	1	0	0	0	0	1
Hap_22	0	0	0	1	0	0	0	0	1
Hap_23	0	0	0	2	0	0	0	0	2
Hap_24	0	0	0	0	5	0	0	0	5
Hap_25	0	0	0	0	2	0	0	0	2
Hap_26	0	0	0	0	1	0	0	0	1
Hap_27	0	0	0	0	1	0	0	0	1
共计	30	60	48	60	50	2	2	2	254

表 3.12　*TLR8* 基因单倍型核苷酸序列碱基组成（%）

单倍型	T	C	A	G	单倍型	T	C	A	G
Hap_1	28.7	22.9	29.0	19.5	Hap_15	28.8	22.6	29.1	19.5
Hap_2	28.9	22.6	29.1	19.4	Hap_16	28.8	22.6	29.1	19.5
Hap_3	29.0	22.5	29.1	19.5	Hap_17	28.8	22.6	29.0	19.5
Hap_4	28.8	22.6	29.1	19.4	Hap_18	28.8	22.7	29.0	19.5
Hap_5	28.9	22.6	29.1	19.4	Hap_19	28.8	22.7	29.0	19.5
Hap_6	28.8	22.6	29.1	19.5	Hap_20	28.9	22.6	29.0	19.5
Hap_7	28.8	22.6	29.1	19.5	Hap_21	28.9	22.6	29.0	19.5
Hap_8	28.8	22.6	29.1	19.4	Hap_22	28.9	22.6	29.0	19.5
Hap_9	28.8	22.6	29.1	19.5	Hap_23	28.8	22.6	29.0	19.5
Hap_10	28.8	22.7	29.1	19.4	Hap_24	28.8	22.6	29.1	19.5
Hap_11	28.8	22.6	29.1	19.5	Hap_25	28.8	22.6	29.1	19.5
Hap_12	28.8	22.6	29.1	19.5	Hap_26	28.8	22.6	29.1	19.5
Hap_13	28.8	22.6	29.0	19.5	Hap_27	28.8	22.6	29.1	19.5
Hap_14	28.8	22.6	29.1	19.4					
平均值	28.8	22.6	29.1	19.5					

3. *TLR8* 基因中介网络图分析

使用 PopART 软件构建 *TLR8* 基因的中介网络图。本研究使用了所测的 128 条序列及从 GenBank 下载的水牛、美洲草原野牛、牦牛 3 条序列共计 131 条序列，共检测到 27 个单倍型。其中 Hap_11 为主要的单倍型，为 5 个地方品种共享；德宏高峰牛占 Hap_11 个体数量的 41.6%，Hap_10 与 Hap_7 同样为 5 个地方品种共享单倍型。Hap_9、Hap_7、Hap_10 也是含有个体数较多的单倍型，但 Hap_7 与 Hap_9 离 Hap_11 关系较远，而 Hap_10 直接与 Hap_11 相连。Hap_15 是连接单倍型最多的单倍型，从图 3.2 也可以看出，德宏高峰牛的成分仅分布在 Hap_7、Hap_10 和 Hap_11 中，且这 3 个单倍型均为共享单倍型。

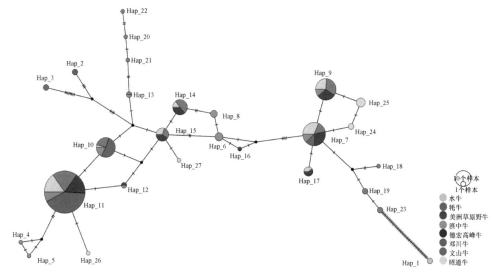

图 3.2　基于 *TLR8* 基因序列构建的 5 个家牛地方品种的单倍型网络图

圆圈区域大小与单倍型频率成正比，短划线代表单倍型间的核苷酸替换数目

4. *TLR8* 基因遗传多样性分析

根据 5 个云南家牛地方品种的遗传多样性统计结果（表 3.13），经分析可知，5 个云南家牛地方品种多态性位点数量非常接近，最高为文山牛（15 个），最低为德宏高峰牛（10 个）。德宏高峰牛的单倍型多态性（0.424 86）明显低于其余 4 个地方品种，其余 4 个地方品种的单倍型多态性为 0.805 85～0.880 46，其中最高的是滇中牛（0.880 46），与德宏高峰牛相比单倍型多态性上有明显差异。除德宏高峰牛最低（0.000 5）以外，其余 4 个地方品种的核苷酸多态性相差不大，以文山牛最高（0.001 86）。5 个地方品种的平均核苷酸差异数最低的为德宏高峰牛（1.536 72），其余 4 个地方品种为 4.924 14～5.725 71，最高的为昭通牛（5.725 71）。中性检测的结果显示，滇中牛与德宏高峰牛 Tajima' *D* 测试结果不显著，但邓川牛、文山牛

与昭通牛的结果都显示出正值且具有显著性；文山牛与昭通牛进行 Fu and Li's D 与 Fu and Li's F 测试，结果均具有显著性；邓川牛进行 Fu and Li's F 测试结果具有显著性且为正值；进行 Fay and Wu's H 分析 P 均大于 0.10，均不显著。

表 3.13　**TLR8 基因序列的遗传多样性**

遗传多样性指数	滇中牛	德宏高峰牛	邓川牛	文山牛	昭通牛
序列数目	30	60	48	60	50
单倍型数目	10	3	8	13	11
多态性位点数	13	10	12	15	13
单倍型多态性	0.880 46	0.424 86	0.805 85	0.832 2	0.835 1
核苷酸多态性	0.001 6	0.000 5	0.001 78	0.001 86	0.001 67
平均核苷酸差异数	4.924 14	1.536 72	5.459 22	5.521 47	5.725 71
Tajima'D	1.312 86	−0.784 81	2.607 84*	2.133 99*	2.916 79**
Fu and Li's D	0.632 26	1.387 95	0.979 96	1.624 90*	1.552 64*
Fu and Li's F	1.014 98	0.797 92	1.790 48*	2.122 98*	2.370 19*
Fay and Wu's H	−2.473 56	−6.806 78	0.258 87	−2.786 44	0.555 1

注：未标记均为 $P > 0.10$，*为 $P < 0.05$，**为 $P < 0.01$

5. TLR8 基因选择压力分析

在 *TLR8* 基因中共检测出 10 个受到正选择作用的位点，有 4 个表现出显著性，其中 349Y 位点表现为极显著（表 3.14）。

表 3.14　**TLR8 基因正选择作用位点**

模型	ln$L$	正选择位点（BEB value）	2Δln$L$	df
M1a	−4 490.296 186			
M2a	−4 482.207 342	331S（0.964*）；349Y（0.993**）；364I（0.787）；377M（0.619）；378E（0.650）；385H（0.960*）；408Q（0.654）；477N（0.959*）；492N（0.618）；772L（0.660）	（M1a vs M2a）= 16.178	2
M7	−4 490.446 573			
M8	−4 482.207 575	331S（0.964*）；349Y（0.994**）364I（0.771）；377M（0.635）；378E（0.656）；385H（0.961*）；408Q（0.659）；477N（0.960*）；492N（0.634）；772L（0.663）	（M7 vs M8）= 16.477	2

*表示显著，**表示极显著；ln$L$. 最大似然值的对数；BEB value. 表示通过贝叶斯经验贝叶斯算法（BEB）计算的正选择位点的后验概率；df. 自由度

6. *TLR8* 基因蛋白质功能预测

对上述所检测到的受正选择作用并具有一定显著性的 4 个位点使用 PolyPhen-2 进行蛋白质功能的预测。4 个位点预测结果都为良性（表 3.15）。

表 3.15　*TLR8*基因变异位点对蛋白质功能的预测

SNP 位点	氨基酸替换	分数	预测
g.992A>C	Ser331Tyr	0	Benign
g.1045C>T	His349Tyr	0	Benign
g.1153C>A	Asn385His	0	Benign
g.1430A>G	Asn477Ser	0	Benign

7. *TLR8* 基因变异位点分布频率

使用 Arlequin 3.5.2 及 MitoTool 对云南家牛地方品种中各多态性位点的分布频率进行统计，结果显示，g.1045C>T、g.1153C>A、g.1430A>G 这 3 个突变位点在德宏高峰牛与其余 4 个家牛地方品种中的分布频率均出现了显著性差异，而 g.992A>C 的分布频率并没有出现显著性差异（表 3.16）。

3.1.3　讨论

人们已经通过牛的基因组序列与 HapMap 工程（Gibbs et al.，2009）帮助选择育种，如辅助标记预防接种、改善疫苗等。对于入侵机体的未知病原体，宿主免疫系统会在第一时间启动先天免疫反应，消灭侵入宿主体内的病原体。研究表明，一些自然发生的 TLR 变异会增加人类、小鼠与家牛感染疾病的风险（Texereau et al.，2005；Merx et al.，2006）。在人类中，TLR 蛋白质中的多态性会削弱对病原体的识别能力，导致先天免疫系统活化不足，提高了患感染性疾病的风险（Ruiz-Larrañaga et al.，2011）。在 TLR 相关基因的基因组区域或近端存在与牛品种健康相关的数量性状位点（Jann et al.，2009）。*TLR3* 与 *TLR8* 的自然选择会直接影响种群个体对于由 RNA 病毒引起的疾病的易感性差异（Fauquet and Fargette，2005）。

TLR3 基因中邓川牛的遗传多样性大于其余 4 个地方品种，德宏高峰牛遗传多样性最低；中介网络图中形成了以德宏高峰牛为主的 A 类群与以邓川牛为主的 B 类群。在 *TLR3* 基因中共检测到 20 个受到正选择作用的位点，选出其中具有较多个体数（>3 个）、检测到正选择信号并具有显著性的 5 个非同义突变位点，使用 PolyPhen-2 进行蛋白质功能预测，结果显示均为良性（表 3.9）。Cargill 和 Womack（2007）对 10 种家牛（包括普通牛和瘤牛）的正选择作用位点进行分析，在编码区共检测出 6 个受到正选择作用的多态性位点，其中 339I、664I 两个位点与本研

表 3.16 TLR8 基因多态性位点在德宏高峰牛与其他 4 个云南家牛地方品种中的分布频率

SNP位点	等位基因	德宏高峰牛	滇中牛	P值	德宏高峰牛	邓川牛	P值	德宏高峰牛	文山牛	P值	德宏高峰牛	昭通牛	P值
g.992	C	60（100%）	30（100%）	1	60（100%）	48（100%）	1	60（100%）	60（100%）	1	60（100%）	42（84%）	0.209
	A	0（0%）	0（0%）		0（0%）	0（0%）		0（0%）	0（0%）		0（0%）	8（16%）	
g.1045	C	56（93.3%）	14（46.7%）	$5.16×10^{-7**}$	56（93.3%）	27（56.3%）	$5.16×10^{-6**}$	56（93.3%）	40（66.7%）	$2.6×10^{-4**}$	56（93.3%）	26（52%）	$2.18×10^{-6**}$
	T	4（6.7%）	16（53.3%）		4（6.7%）	21（43.7%）		4（6.7%）	20（33.3%）		4（6.7%）	24（48%）	
g.1153	C	56（93.3%）	23（76.7%）	$0.022\,87^{*}$	56（93.3%）	28（58.3%）	$1×10^{-5**}$	56（93.3%）	41（68%）	$0.000\,5^{**}$	56（93.3%）	24（48%）	$3.82×10^{-6**}$
	A	4（6.7%）	7（23.3%）		4（6.7%）	20（41.7%）		4（6.7%）	19（32%）		4（6.7%）	26（52%）	
g.1430	A	56（93.3%）	23（76.7%）	$0.022\,87^{*}$	56（93.3%）	28（58.3%）	$1×10^{-5**}$	56（93.3%）	41（68%）	$0.000\,5^{**}$	56（93.3%）	23（46%）	$1.28×10^{-7**}$
	G	4（6.7%）	7（23.3%）		4（6.7%）	20（41.7%）		4（6.7%）	19（32%）		4（6.7%）	27（54%）	

*表示显著，**表示极显著

究相同；Areal 等（2011）在对哺乳动物的 *TLR3* 基因研究中发现 406A 位点同样受到正选择作用；Ruan（2015）在鸡的 *TLR3* 基因中检测到 6 个非同义变异位点，但与本研究检测到的受正选择作用的位点不同，提示不同物种之间 *TLR3* 基因具有一定差异。我们的研究所检测出的 267T 与 710N 两个突变位点（表 3.8）同样在家猪中存在（Wang et al.，2014），因此也提示哺乳类和鸟类中 *TLR3* 基因的变异可能是存在差异的。Ranjith-Kumar（2007）对人类 *TLR3* 基因的 L412F 位点进行蛋白质功能预测，结果显示，该位点影响了蛋白质的功能，Lee 等（2013）通过大量临床试验对 *TLR3* 基因的 L412F 位点进行研究，结果发现，该位点变异对丙型肝炎病毒识别有重要影响。Fisher 等（2011）对普通牛与瘤牛之间蛋白质功能预测的分析发现，G426S 与 S664I 两个突变位点均显示为非良性突变，而本研究中 S664I 位点显示为良性突变，这可能与研究方法上选择碱基替换序列不同有关。比较本研究的 5 个变异位点在云南家牛地方品种中的分布频率得知，德宏高峰牛与文山牛、昭通牛、邓川牛比较中 g.1991T>G 位点具有显著性差异，德宏高峰牛中的 T 碱基频率远远高于文山牛、昭通牛与邓川牛中的 T 碱基频率；我们根据所做蛋白质预测的结果得知 T 为良性突变位点，而 G 为导致非良性或会对蛋白质功能产生不利影响的突变位点，进一步分析可以得知，该位点在德宏高峰牛中的不利影响要小于在昭通牛、文山牛、邓川牛中的不利影响。

  TLR8 基因的单倍型网络图同 *TLR3* 基因相比，*TLR8* 含有的单倍型数量较少，单倍型较为集中。德宏高峰牛的单倍型多态性与核苷酸多态性明显低于其他 4 个地方品种。Tajima's *D* 和 Fu and Li's *D*、Fu and Li's *F* 常被解释为净化作用或定向选择的证据，但是同样预示着群体的膨胀或违反了突变漂移平衡假设与随机抽样要求的其中之一（Young and Christopher，2009）。值得注意的是，在计算 Tajima' *D* 值时邓川牛（$P<0.05$）、文山牛（$P<0.05$）与昭通牛（$P<0.01$）都表现出显著性，3 个值都表现为正值，分别为 2.607 84、2.133 99 与 2.916 79，表明这 3 个地方品种可能在 *TLR8* 基因上受到了平衡选择作用，Fu and Li's *D*、Fu and Li's *F* 在邓川牛、昭通牛与文山牛中均显示为正值且为显著，表示低于预期的单倍型数目，可能在最近受到强烈的平衡选择或种群数量膨胀。在 *TLR8* 基因中检测到 10 个受到正选择作用的位点。选出其中具有较多个体数（>3 个）、检测到正选择信号且具有显著性的 4 个非同义突变位点，使用 PolyPhen-2 进行蛋白质功能预测，结果显示均为良性（表 3.15）。Cargill 和 Womack（2007）对包括普通牛与瘤牛的 10 种家牛进行研究，共检测到 11 个非同义突变位点，其中 349、385、408、477、492、772 与本研究相同；Areal 等（2011）在对哺乳动物 *TLR8* 基因的研究中发现 331S 与 349Y 位点同样受到正选择作用；Fisher 等（2011）对普通牛与瘤牛的 *TLR8* 基因进行研究发现，S477N、K903T 分别显示了良性、非良性；在人类研究中发现，在中国人群中 *TLR8* 基因 Met1Val 单核苷酸多态性与冠状动脉疾病具有较强的关

联性（Dubey et al.，2013），这些结果均表明 *TLR8* 基因上某些位点的突变与疾病免疫密切相关。*TLR8* 基因序列中的变异位点在云南家牛地方品种间的分布频率（表 3.16）显示，g.1045C>T、g.1153C>A、g.1430A>G 突变位点在德宏高峰牛与其余 4 个家牛地方品种中的分布频率都出现了显著性差异，而 g.992C>A 并没有出现显著性差异。其中 g.1045C>T、g.1153C>A、g.1430A>G 3 个位点都显示了良性，我们将 g.1045C、g.1153C、g.1430A 视为良性位点，发现 3 个良性变异位点在德宏高峰牛中的分布频率明显要高于在其余 4 个家牛地方品种中的频率，这表明良性突变位点在德宏高峰牛中的频率明显高于其余 4 个家牛地方品种。

综合分析 *TLR3* 和 *TLR8* 基因的遗传多样性，可知德宏高峰牛（瘤牛）的遗传多样性低于其余 4 个家牛地方品种（普通牛），猜测可能与人为保种和地理位置有关。邓川牛的遗传多样性相对较高，可能是由于早期（1954 年）就开始引入荷兰的黑白花公牛对邓川牛品种进行改良，之后又经历了多次改良（杨勇，2013）。*TLR8* 基因的单倍型数量最少，可能与 *TLR8* 进化上比较保守有关。根据 Fisher 等（2011）和 Verstak 等（2013）对普通牛与瘤牛的 *TLR3*、*TLR8* 两个基因的中介网络图的分析，发现普通牛和瘤牛能明显区分开。而本研究中云南普通牛和瘤牛未明显分开，猜测可能由于各地方品种间存在较强的基因交流。

3.2 RIG-Ⅰ样受体基因序列变异与云南普通牛和瘤牛间抗病力差异分析

3.2.1 材料与方法

所用的实验材料、DNA 提取、PCR 扩增体系与反应条件、电泳检测与测序、数据分析方法等同 3.1.1。本研究中的 *DDX58* 基因序列引物根据从 GenBank 数据库中下载的普通牛的 *DDX58* 编码序列使用 Primer5.0 软件进行设计。所设计的引物由硕擎生物科技有限公司合成。本研究中 *DDX58* 所测序列长度为 21 089bp，共用引物 57 条（表 3.17）。

3.2.2 结果与分析

1. *DDX58* 基因单倍型分析

本研究所测定的 *DDX58* 基因片段长度为 21 089bp，其中包含编码区 2826bp。本研究共选取了邓川牛 13 个、文山牛 15 个、昭通牛 14 个、滇中牛 5 个、德宏高峰牛 17 个共计 64 个样本，并从 GenBank 中下载牦牛、美洲草原野牛和水牛编码区序列，共计 67 条序列。使用 Dnasp 5.10 软件统计到 65 个单倍型。从表 3.18

表 3.17　*DDX58*基因的 PCR 扩增引物序列信息

引物名称	引物序列（5′→3′）	引物名称	引物序列（5′→3′）
DDX58-1F	AAACCTGGGCAAAGTGGTGA	DDX58-1R	TGAAACGGACAGCGACATGT
DDX58-2F	GGGGAGACTCTTGCAGACAT	DDX58-2R	GACTCCACACACCTTTGGCT
DDX58-3F	ACCCAAGTCTCTTACATCGCC	DDX58-3R	AAAAGGGAGAAGCTGGCAAGT
DDX58-3Fint	GGGTGCGAGGGTCTGAAAATA	DDX58-3Rint	GCCCTGTGTTTCTTACCTCCTC
DDX58-4F	GGCTATCTGTTTTGCCCTGGA	DDX58-4R	GCATTTTCATATCCCCGTGCC
DDX58-4Fint	TGTTCTTTCACGGTGGCTTGA	DDX58-4Rint	TCAAGCCACCGTGAAAGAACA
DDX58-4Rint-W1R	GCATCCGCTTACCAGTAG	DDX58-3Rint-CW1R	GTAAGTCTCACTATCCAG
DDX58-5F	CTGATTCGTGTTTAGCTGCAGA	DDX58-5Fint	CTATCACCAGAACCCAGCATGT
DDX58-5R	TCCTTCTTAACCTGGCTGACTTC	DDX58-5Rint	TGGGTCCTGGTGGATAGCTGAAA
DDX58-5F2	GCATCTGCTAATCCCAAAC	DDX58-5Rint2	GAGGGTAACAAAGTCCCAAAGG
DDX58-5F-5Rint-W1F	TGCTATTCTTAGTTCAGGGTCA	DDX58-5F-5Rint-W1R	CTGTGCCTGAGGACGATACT
DDX58-5F-5Rint-W2R	AGTATCGTCCTCAGGCACAG	DDX58-5F-CW1F	GCCTTGTAGTCATTTGGTCG
DDX58-5F-CW1R	TGTGCCTGAGGACGATAC	DDX58-5Fint-5R-W1F	GTAAAGAGTCCACCTGCCAATG
DDX58-5Fint-5R-W1R	GTTCAAAGCAGGTATCTCCA	DDX58-5R-W1R	AGTCAAACTCTGGGTATGGTC
DDX58-6F	CGAGCTTCCGTTTCCTCATCTA	DDX58-6R	TAAAGAGCCCAGAAACAGACC
DDX58-6Fint	GATGCACGGATGAAAGATGCTC	DDX58-6Rint	GAGCATCTTTCATCCGTGCATC
DDX58-6Fint3	ACTAAGTTGGAATAGACTTGAGAC	DDX58-6R4	GCCCAGAAACAGACCCACA
DDX58-6Fint-6R-W1R	TAAGTGAAAAGTAAGTCT	DDX58-6Fint-6R-W1F	TTGTTCAGTATTTAGCAT
DDX58-7F	TACCCACTATTCTGAACCTTGCC	DDX58-7R	GACACGTTCACAAGTCAGACAA
DDX58-7Fint	TGTTTGTCCATCCCTCCATTCAT	DDX58-7Rint	CAGTGAGGACTTGTCATTGCTTG
DDX58-7F-W1F	GAGAAGCAAAACCAGTAGG	DDX58-7F-7Rint-W1F	CGTGGCAGAACAAATCAG
DDX58-7Fint-7R-W1F	ACCTGTAATAAAGGGGAATC	DDX58-7F-W1F	CGTGGCAGAACAAATCA
DDX58-7Fint-W1R	GTGAGTAAGTAGATGTGAAAAGGTC	DDX58-7F-W1F	CGTGGCAGAACAAATC
DDX58-8F	CCAGTGAAGTCCTGTGAACATC	DDX58-8R	GAAGTAAAGCAGAACGAACGTG
DDX58-9F	CTGCCTGCGTTCTATTCAATGG	DDX58-9R	TACACTGGGTTCTGAAAGGAA
DDX58-9Fint	ACTCTATTGCTGCTGACTGGG	DDX58-9Rint	CCTCCCACACCTATTACACCTA
DDX58-9F-9Rint-W1F	GCCAAGGTCCACGTATTT	DDX58-9F-9Rint-CW2F	TACCTTTATCTGTTTTAGGATC
DDX58-9F-9Rint-W1F	AATACCACCATCACCACC	DDX58-9R-W1R	ATGGAGTAGGGAGGAAATGTG
		DDX58-9R-W2R	ACTCATTAATTCAGAGACAAAGGGG

可知，家牛地方品种的单倍型不具有个体集中的现象，Hap_8 包含个体数较多，含有 28 个个体，也是唯一一个由 5 个家牛地方品种共享的单倍型。表 3.18 中 5 个地方品种的单倍型都较为分散，大多数单倍型仅仅含有一个个体，滇中牛主要分布在 Hap_4～Hap_12；德宏高峰牛主要分布在 Hap_4、Hap_7、Hap_8、Hap_13～Hap_25；邓川牛主要分布在 Hap_4、Hap_6、Hap_8、Hap_26～Hap_34；文山牛主要分布在 Hap_6～Hap_9、Hap_12、Hap_15、Hap_19、Hap_21、Hap_35～Hap_46；昭通牛主要分布在 Hap_6、Hap_8、Hap_9、Hap_12、Hap_18、Hap_21、Hap_40、Hap_47～Hap_65（表 3.18）。

表 3.18　基于 *DDX58* 基因的云南 5 个家牛地方品种单倍型的分布（个）

单倍型	美洲草原野牛	牦牛	水牛	滇中牛	德宏高峰牛	邓川牛	文山牛	昭通牛	共计
Hap_1	2	0	0	0	0	0	0	0	2
Hap_2	0	2	0	0	0	0	0	0	2
Hap_3	0	0	2	0	0	0	0	0	2
Hap_4	0	0	0	1	4	2	0	0	7
Hap_5	0	0	0	1	0	0	0	0	1
Hap_6	0	0	0	1	0	3	4	2	10
Hap_7	0	0	0	1	2	0	1	0	4
Hap_8	0	0	0	2	12	10	3	1	28
Hap_9	0	0	0	1	0	0	1	1	3
Hap_10	0	0	0	1	0	0	0	0	1
Hap_11	0	0	0	1	0	0	0	0	1
Hap_12	0	0	0	1	0	0	1	1	3
Hap_13	0	0	0	0	1	0	0	0	1
Hap_14	0	0	0	0	1	0	0	0	1
Hap_15	0	0	0	0	1	0	1	0	2
Hap_16	0	0	0	0	1	0	0	0	1
Hap_17	0	0	0	0	2	0	0	0	2
Hap_18	0	0	0	0	2	0	0	1	3
Hap_19	0	0	0	0	1	0	2	0	3
Hap_20	0	0	0	0	1	0	0	0	1
Hap_21	0	0	0	0	1	0	1	1	3
Hap_22	0	0	0	0	1	0	0	0	1
Hap_23	0	0	0	0	1	0	0	0	1
Hap_24	0	0	0	0	1	0	0	0	1
Hap_25	0	0	0	0	2	0	0	0	2
Hap_26	0	0	0	0	0	2	0	0	2
Hap_27	0	0	0	0	0	2	0	0	2
Hap_28	0	0	0	0	0	1	0	0	1
Hap_29	0	0	0	0	0	1	0	0	1
Hap_30	0	0	0	0	0	1	0	0	1
Hap_31	0	0	0	0	0	1	0	0	1
Hap_32	0	0	0	0	0	1	0	0	1
Hap_33	0	0	0	0	0	1	0	0	1
Hap_34	0	0	0	0	0	1	0	0	1
Hap_35	0	0	0	0	0	0	1	0	1
Hap_36	0	0	0	0	0	0	1	0	1

续表

单倍型	美洲草原野牛	牦牛	水牛	滇中牛	德宏高峰牛	邓川牛	文山牛	昭通牛	共计
Hap_37	0	0	0	0	0	0	1	0	1
Hap_38	0	0	0	0	0	0	1	0	1
Hap_39	0	0	0	0	0	0	1	0	1
Hap_40	0	0	0	0	0	0	5	1	6
Hap_41	0	0	0	0	0	0	1	0	1
Hap_42	0	0	0	0	0	0	1	0	1
Hap_43	0	0	0	0	0	0	1	0	1
Hap_44	0	0	0	0	0	0	1	0	1
Hap_45	0	0	0	0	0	0	1	0	1
Hap_46	0	0	0	0	0	0	1	0	1
Hap_47	0	0	0	0	0	0	0	1	1
Hap_48	0	0	0	0	0	0	0	1	1
Hap_49	0	0	0	0	0	0	0	1	1
Hap_50	0	0	0	0	0	0	0	1	1
Hap_51	0	0	0	0	0	0	0	1	1
Hap_52	0	0	0	0	0	0	0	1	1
Hap_53	0	0	0	0	0	0	0	2	2
Hap_54	0	0	0	0	0	0	0	1	1
Hap_55	0	0	0	0	0	0	0	1	1
Hap_56	0	0	0	0	0	0	0	1	1
Hap_57	0	0	0	0	0	0	0	1	1
Hap_58	0	0	0	0	0	0	0	1	1
Hap_59	0	0	0	0	0	0	0	1	1
Hap_60	0	0	0	0	0	0	0	1	1
Hap_61	0	0	0	0	0	0	0	1	1
Hap_62	0	0	0	0	0	0	0	1	1
Hap_63	0	0	0	0	0	0	0	1	1
Hap_64	0	0	0	0	0	0	0	1	1
Hap_65	0	0	0	0	0	0	0	1	1
共计	2	2	2	10	34	26	30	28	134

2. *DDX58* 基因单倍型核苷酸序列碱基组成

利用 MEGA6.0 对各单倍型的碱基组成进行统计分析，结果显示，A 含量最高，为 32.6%；C 的含量最低，为 19.4%；A+T 的含量为 57.4%，而 G+C 的含量为 42.6%。A+T 含量明显高于 G+C 含量，说明 *DDX58* 基因编码区富含 A、T 这两种碱基（表 3.19）。

表 3.19　**DDX58**基因单倍型核苷酸序列碱基组成（%）

单倍型	T	C	A	G	单倍型	T	C	A	G
Hap_1	24.8	19.5	32.6	23.1	Hap_34	24.8	19.4	32.5	23.2
Hap_2	24.8	19.4	32.6	23.1	Hap_35	24.8	19.4	32.6	23.2
Hap_3	24.9	19.4	32.6	23.1	Hap_36	24.9	19.4	32.6	23.2
Hap_4	24.8	19.4	32.6	23.2	Hap_37	24.8	19.4	32.6	23.3
Hap_5	24.8	19.4	32.6	23.2	Hap_38	24.8	19.5	32.5	23.2
Hap_6	24.8	19.4	32.6	23.2	Hap_39	24.8	19.4	32.5	23.3
Hap_7	24.8	19.4	32.6	23.2	Hap_40	24.8	19.4	32.6	23.2
Hap_8	24.8	19.4	32.6	23.2	Hap_41	24.8	19.4	32.5	23.3
Hap_9	24.8	19.4	32.6	23.2	Hap_42	24.8	19.5	32.6	23.2
Hap_10	24.8	19.4	32.6	23.2	Hap_43	24.8	19.4	32.6	23.2
Hap_11	24.8	19.5	32.6	23.2	Hap_44	24.8	19.4	32.6	23.2
Hap_12	24.8	19.4	32.6	23.2	Hap_45	24.8	19.5	32.5	23.2
Hap_13	24.8	19.4	32.6	23.2	Hap_46	24.8	19.3	32.6	23.2
Hap_14	24.8	19.4	32.6	23.2	Hap_47	24.8	19.4	32.6	23.2
Hap_15	24.8	19.4	32.6	23.2	Hap_48	24.8	19.4	32.6	23.2
Hap_16	24.8	19.5	32.6	23.2	Hap_49	24.8	19.5	32.6	23.2
Hap_17	24.8	19.4	32.6	23.2	Hap_50	24.7	19.5	32.6	23.2
Hap_18	24.8	19.5	32.5	23.2	Hap_51	24.8	19.4	32.6	23.3
Hap_19	24.8	19.5	32.5	23.2	Hap_52	24.8	19.4	32.5	23.2
Hap_20	24.8	19.3	32.6	23.2	Hap_53	24.8	19.4	32.6	23.2
Hap_21	24.8	19.4	32.6	23.2	Hap_54	24.8	19.4	32.6	23.2
Hap_22	24.8	19.4	32.6	23.2	Hap_55	24.8	19.4	32.5	23.3
Hap_23	24.8	19.5	32.5	23.2	Hap_56	24.8	19.4	32.6	23.2
Hap_24	24.8	19.5	32.5	23.2	Hap_57	24.8	19.4	32.6	23.2
Hap_25	24.8	19.5	32.5	23.2	Hap_58	24.7	19.5	32.5	23.3
Hap_26	24.8	19.4	32.6	23.2	Hap_59	24.8	19.4	32.6	23.2
Hap_27	24.8	19.4	32.6	23.2	Hap_60	24.8	19.5	32.6	23.2
Hap_28	24.8	19.4	32.6	23.2	Hap_61	24.8	19.4	32.6	23.2
Hap_29	24.8	19.4	32.6	23.2	Hap_62	24.8	19.5	32.5	23.2
Hap_30	24.8	19.4	32.6	23.2	Hap_63	24.8	19.4	32.7	23.2
Hap_31	24.8	19.4	32.6	23.2	Hap_64	24.8	19.4	32.6	23.2
Hap_32	24.8	19.4	32.6	23.2	Hap_65	24.8	19.4	32.6	23.2
Hap_33	24.8	19.5	32.5	23.2					
平均值	24.8	19.4	32.6	23.2					

3. *DDX58* 基因中介网络图分析

使用本研究所得到的 64 条序列及从 GenBank 下载的水牛、美洲草原野牛、牦牛 3 条序列（共计 67 条序列）形成 65 个单倍型，使用 PopART 构建 *DDX58* 基因的中介网络图。结果显示，所有单倍型可分为单倍型类群 A（cluster A）与单倍型类群 B（cluster B）。其中单倍型类群 A 中各个单倍型之间连成一个环状，没有集中单倍型，整个 A 类群中包含了 5 个地方品种，共含有 23 个单倍型。单倍型类群 B 以 Hap_8 为主要单倍型，共含有 28 个个体，其中德宏高峰牛占 Hap_8 总体数的 42.9%，Hap_8 为 5 个地方品种共享的单倍型，共有 10 个单倍型围绕，呈星状分布（图 3.3）。

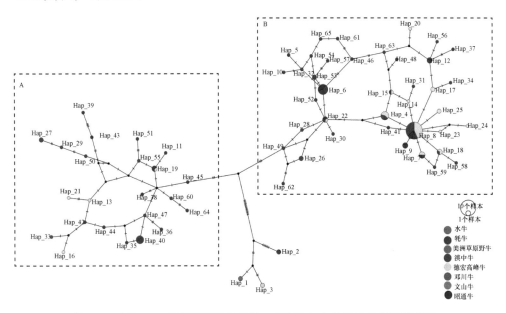

图 3.3　基于 *DDX58* 基因序列构建的 5 个家牛地方品种的单倍型网络图

圆圈区域大小与单倍型频率成正比，短划线代表单倍型间的核苷酸替换数目

4. *DDX58* 基因遗传多样性分析

使用 Dnasp 5.10 软件计算云南 5 个家牛地方品种的遗传多样性指数（表 3.20）。结果显示，5 个地方品种中多态性位点数量较为相近，昭通牛为 25 个，滇中牛为 18 个。昭通牛、滇中牛与文山牛单倍型多态性较高，分别为 0.994 71、0.977 78 与 0.954 02；邓川牛最低，为 0.843 08。核苷酸多态性最高的为文山牛（0.002 78），最低的为德宏高峰牛（0.001 25）。文山牛与昭通牛的平均核苷酸差异数较高，分别为 7.445 98 与 7.351 85，德宏高峰牛最低，为 3.345 81。中性检测的 4 个结果显示，滇中牛、德宏高峰牛与邓川牛 Tajima' *D* 测试结果均为负值，其余 2 个品种结

果为正值；5 个地方品种 Fu and Li's *D* 测试结果均为负值；除昭通牛之外其余 4 个品种 Fu and Li's *F* 与 Fay and Wu's *H* 检测结果都为负值，在 4 个品种的检测结果中 *P* 均大于 0.10，表现为不显著。

表 3.20　*DDX58* 基因序列的遗传多样性

遗传多样性指数	滇中牛	德宏高峰牛	邓川牛	文山牛	昭通牛
序列数目	10	34	26	30	28
单倍型数目	9	16	12	20	26
多态性位点数	18	23	20	23	25
单倍型多态性	0.977 78	0.864 53	0.843 08	0.954 02	0.994 71
平均核苷酸差异数	4.955 56	3.345 81	5.061 54	7.445 98	7.351 85
核苷酸多态性	0.001 85	0.001 25	0.001 89	0.002 78	0.002 75
Tajima' *D*	−1.032 51	−1.490 9	−0.441 66	0.851 67	0.520 72
Fu and Li's *D*	−1.321 03	−1.006 02	−0.394 27	−1.321 03	−0.169 51
Fu and Li's *F*	−1.506 32	−1.424 42	−0.497 06	−1.506 32	0.082 43
Fay and Wu's *H*	−0.977 78	−4.577 54	−1.513 85	−0.977 78	1.296 3

注：未标注*表示 *P*>0.10

5. *DDX58* 基因选择压力分析

在 *DDX58* 基因中共检测到 17 个受到正选择作用的位点，在 M1a vs M2a 中共有 12 个位点表现出了显著性，其中 132L、258T、311Y、784R、858N、879H、904A 这些位点表现出了极显著。M7 vs M8 中共有 14 个位点表现出了显著性，其中 132L、258T、311Y、451V、694S、784R、858N、879H、904A 这些位点表现出了极显著。253Q、471R、694S 这 3 个受到正选择作用的位点虽具有显著性，但所具有个体数量较少（≤3 个），可能具有一定的偶然性（表 3.21）。

6. *DDX58* 基因蛋白质功能预测

对上述所检测到的受正选择作用并具有一定显著性的 10 个位点使用 PolyPhen-2 进行蛋白质功能预测。在 10 个位点中，g.394C>A 与 g.2782C>A 这 2 个变异位点蛋白质功能预测结果为非良性突变，表明这 2 个突变可能会对蛋白质功能产生一定的不利影响。g.772A>C、g.931T>C、g.1352T>C、g.2351G>A、g.2573A>G、g.2635C>T、g.2711C>T、g.2786G>A 这 8 个突变位点蛋白质功能预测结果为良性突变（表 3.22）。

7. *DDX58* 基因变异位点分布频率

使用 Arlequin 3.5.2 及 MitoTool 对各多态性位点在云南地方家牛品种中的分布频率进行统计分析。结果显示，德宏高峰牛与文山牛、昭通牛比较 g.394C>A 位点具有显著性差异；德宏高峰牛与昭通牛比较 g.772A>C 位点具有显著性差异；

表 3.21 *DDX58* 基因正选择作用位点

模型	ln*L*	正选择位点（BEB value）	2Δln*L*	df
M1a	−5 368.672 718			
M2a	−5 196.254 305	132L（1.000**）；239L（0.541）；253Q（0.954*）；258T（1.000**）；311Y（1.000**）；451V（0.984*）；471R（0.958*）；694S（0.988*）；784R（1.000**）；786I（0.643）；850H（0.919）；858N（1.000**）；879H（1.000**）；880M（0.706）；904A（1.000**）；928P（0.920）；929W（0.966*）	（M1a vs M2a）= 344.84	2
M7	−5 196.919 579			
M8	−5 196.919 579	132L（1.000**）；239L（0.635）253Q（0.981*）；258T（1.000**）；311Y（1.000**）；451V（0.997**）471R（0.982*）；694S（0.997**）；784R（1.000**）；786L（0.808）；850H（0.966*）；858N（1.000**）；879H（1.000**）；881M（0.855）；904A（1.000**）；928P（0.966*）929W（0.986*）	（M7 vs M8）= 348.187	2

*表示显著，**表示极显著；ln*L*. 最大似然值的对数；BEB value. 表示通过贝叶斯经验贝叶斯算法（BEB）计算的正选择位点的后验概率；df. 自由度

表 3.22 *DDX58* 基因变异位点对蛋白质功能的预测

SNP 位点	氨基酸替换	分数	预测
g.394C>A	Leu132Ile	0.858	Damaging
g.772A>C	Thr258Pro	0	Benign
g.931T>C	Tyr311His	0.006	Benign
g.1352T>C	Val451Ala	0	Benign
g.2351G>A	Arg784His	0.004	Benign
g.2573A>G	Asn858Ser	0	Benign
g.2635C>T	His879Tyr	0.001	Benign
g.2711C>T	Ala904Val	0.024	Benign
g.2782C>A	Pro928Thr	0.608	Damaging
g.2786G>A	Trp929Tyr	0.032	Benign

德宏高峰牛与昭通牛、文山牛比较 g.931T>C 位点具有显著性差异；德宏高峰牛与邓川牛比较 g.1352T>C 位点具有显著性差异；德宏高峰牛与滇中牛、昭通牛比较 g.2351G>A 位点具有显著性差异；德宏高峰牛与邓川牛、文山牛、昭通牛比较 g.2573A>G 位点具有显著性差异；德宏高峰牛与文山牛、昭通牛、滇中牛比较 g.2711C>T 具有显著性差异；德宏高峰牛与文山牛比较 g.2782C>A 位点具有显著性差异；德宏高峰牛与文山牛比较 g.2786G>A 位点具有显著性差异（表 3.23）。

表3.23 DDX58基因多态性位点在德宏高峰牛与其他4个云南家牛地方品种中的分布频率

SNP位点	等位基因	德宏高峰牛	滇中牛	P值	德宏高峰牛	邓川牛	P值	德宏高峰牛	文山牛	P值	德宏高峰牛	昭通牛	P值
g.394	C	33 (97%)	9 (90%)	0.346	33 (97%)	26 (100%)	0.377	33 (97%)	20 (66.7%)	0.001 3**	33 (97%)	23 (82%)	0.048*
	A	1 (3%)	1 (10%)		1 (3%)	0 (0%)		1 (3%)	10 (33.3%)		1 (3%)	5 (18%)	
g.772	A	32 (94%)	10 (100%)	0.432	32 (94%)	26 (100%)	0.208	32 (94%)	28 (93%)	0.879	32 (94%)	18 (64%)	0.003 1**
	C	2 (6%)	0 (0%)		2 (6%)	0 (0%)		2 (6%)	2 (7%)		2 (6%)	10 (36%)	
g.931	T	30 (88%)	9 (90%)	0.887	30 (88%)	22 (85%)	0.68	30 (88%)	17 (57%)	0.004 3**	30 (88%)	19 (68%)	0.018 9**
	C	4 (12%)	1 (10%)		4 (12%)	4 (15%)		4 (12%)	13 (43%)		4 (12%)	9 (32%)	
g.1352	T	34 (100%)	10 (100%)	1	34 (100%)	23 (88%)	0.042*	34 (100%)	30 (100%)	1	34 (100%)	27 (96%)	0.266 7
	C	0 (0%)	0 (0%)		0 (0%)	3 (12%)		0 (0%)	0 (0%)		0 (0%)	1 (4%)	
g.2351	G	34 (100%)	8 (80%)	0.007 6**	34 (100%)	25 (96%)	0.249	34 (100%)	30 (100%)	1	34 (100%)	23 (82%)	0.010 18*
	A	0 (0%)	2 (20%)		0 (0%)	1 (4%)		0 (0%)	0 (0%)		0 (0%)	5 (18%)	
g.2573	A	29 (85%)	6 (60%)	0.081	29 (85%)	14 (54%)	0.007 39**	29 (85%)	8 (27%)	2.14×10^{-6}**	29 (85%)	9 (32%)	2.14×10^{-5}**
	G	5 (15%)	4 (40%)		5 (15%)	12 (46%)		5 (15%)	22 (73%)		5 (15%)	19 (68%)	
g.2635	C	31 (91%)	10 (100%)	0.331	31 (91%)	25 (96%)	0.443	31 (91%)	27 (90%)	0.872	31 (91%)	27 (96%)	0.75
	T	3 (9%)	0 (0%)		3 (9%)	1 (4%)		3 (9%)	3 (10%)		3 (9%)	1 (4%)	
g.2711	C	33 (97%)	7 (70%)	0.008 9**	33 (97%)	18 (69%)	0.068 2	33 (97%)	24 (80%)	0.029 11*	33 (97%)	18 (64%)	0.048*
	T	1 (3%)	3 (30%)		1 (3%)	8 (31%)		1 (3%)	6 (20%)		1 (3%)	10 (36%)	
g.2782	C	30 (88%)	9 (90%)	0.887	30 (88%)	22 (85%)	0.682	30 (88%)	16 (53%)	0.001 94**	30 (88%)	21 (75%)	0.174 6
	A	4 (12%)	1 (10%)		4 (12%)	4 (15%)		4 (12%)	14 (47%)		4 (12%)	7 (25%)	
g.2786	G	30 (88%)	9 (90%)	0.887	30 (88%)	22 (85%)	0.682	30 (88%)	15 (50%)	0.000 83**	30 (88%)	21 (75%)	0.174 6
	A	4 (12%)	1 (10%)		4 (12%)	4 (15%)		4 (12%)	15 (50%)		4 (12%)	7 (25%)	

*表示显著，**表示极显著

3.2.3 讨论

在 *DDX58* 基因单倍型网络图中,Hap_8 为主要单倍型,有 10 个以德宏高峰牛为主的单倍型直接相连。在遗传多样性的各项参数中,Tajima' *D*、Fu and Li's *D*、Fu and Li's *F*、Fay and Wu's *H* 这 4 个中性检测的值大多为负值,*P* 均大于 0.1 为不显著。正选择检测 *DDX58* 基因受到正选择的位点共有 17 个;选出其中具有较多个体数量(>3 个)、检测到正选择信号并具有显著性的 10 个非同义突变位点使用 PolyPhen-2 进行蛋白质功能预测(表 3.22),结果显示:g.394C>A 与 g.2782C>A 显示非良性,g.772A>C、g.931T>C、g.1352T>C、g.2351G>A、g.2573A>G、g.2635C>T、g.2711C>T、g.2786G>A 这 8 个变异位点均显示良性。在同类研究中,Glu373Ala 被认为可能是一个致病突变,并且在人类、斑马鱼、奶牛、家马中是严格保守的,使用 SIFT 与 PolyPhen-2 进行预测,发现此突变位点变异可能会对蛋白质功能产生有害影响(Jang et al.,2015),但在本研究中并未检测出该突变。Vasseur 等(2011)在对人类 *DDX58* 基因的研究中共检测出 14 个非同义突变位点,6 个结果显示了非良性,显示出对于蛋白质功能较大的影响,他们的研究也表明 TLR 在探测 RNA 病毒中受到了比 RLR 更强大的进化约束。分析 *DDX58* 基因中的变异位点在云南家牛地方品种中的分布频率(表3.23),预测的良性位点 g.772A、g.931T、g.1352T、g.2351、g.2573A、g.2711C、g.2786G 在德宏高峰牛中的分布频率明显高于在昭通牛、滇中牛、邓川牛、文山牛中的分布频率,预测为非良性,突变位点 g.394C、g.2782C 在德宏高峰牛中的分布频率显著高于在文山牛与昭通牛中的分布频率,这也说明在 5 个云南家牛地方品种中都存在非良性突变,但其中德宏高峰牛的良性突变位点的分布频率明显较高。

参 考 文 献

杨勇. 2013. 邓川牛的历史演绎与发展. 中国奶牛, (2): 37-40.

Adzhubei I A, Jordan D M, Sunyaev S R. 2013. Predicting functional effect of human missense mutations using PolyPhen-2. Current Protocols in Human Genetics, 76: 7-20.

Adzhubei I A, Schmidt S, Peshkin L, et al. 2010. A method and server for predicting damaging missense mutations. Nature Methods, 7: 248-249.

Areal H, Abrantes J, Esteves P J. 2011. Signatures of positive selection in Toll-like receptor (TLR) genes in mammals. BMC Evolutionary Biology, 11: 368.

Cargill E J, Womack J E. 2007. Detection of polymorphisms in bovine toll-like receptors 3, 7, 8, and 9. Genomics, 89: 745-755.

Chen S, Gomes R, Costa V, et al. 2013. How immunogenetically different are domestic pigs from wild boars: a perspective from single-nucleotide polymorphisms of 19 immunity-related candidate genes. Immunogenetics, 65: 737-748.

Dubey P K, Goyal S, Kumari N, et al. 2013. Genetic diversity within 5′upstream region of Toll-like receptor 8 gene reveals differentiation of riverine and swamp buffaloes. Meta Gene, 1: 24-32.

Fauquet C M, Fargette D. 2005. International committee on taxonomy of viruses and the 3, 142 unassigned species. Virology Journal, 2: 64.

Fisher C A, Bhattarai E K, Osterstock J B, et al. 2011. Evolution of the bovine TLR gene family and member associations with *Mycobacterium avium* subspecies *paratuberculosis* infection. PLoS One, 6: e27744.

Gibbs R A, Taylor J F, Van Tassell C P, et al. 2009. Genome-wide survey of SNP variation uncovers the genetic structure of cattle breeds. Science, 324: 528-532.

Jang M A, Kim E K, Nguyen N T H, et al. 2015. Mutations in *DDX58*, which encodes RIG-Ⅰ, cause atypical Singleton-Merten syndrome. American Journal of Human Genetics, 96: 266-274.

Jann O C, King A, Corrales N L, et al. 2009. Comparative genomics of Toll-like receptor signalling in five species. BMC Genomics, 10: 216.

Lee S O, Brown R A, Razonable R R. 2013. Association between a functional polymorphism in Toll-like receptor 3 and chronic hepatitis C in liver transplant recipients. Transplant Infectious Disease, 15: 111-119.

Merx S, Zimmer W, Neumaier M, et al. 2006. Characterization and functional investigation of single nucleotide polymorphisms (SNPs) in the human TLR5 gene. Human Mutation, 27: 293.

Nielsen R, Yang Z. 1998. Likelihood models for detecting positively selected amino acid sites and applications to the HIV-1 envelope gene. Genetics, 148: 929-936.

Ranjith-Kumar C T, Miller W, Sun J, et al. 2007. Effects of single nucleotide polymorphisms on Toll-like receptor 3 activity and expression in cultured cells. Journal of Biological Chemistry, 282: 17696-17705.

Ruan W, An J, Wu Y. 2015. Polymorphisms of chicken TLR3 and 7 in different breeds. PLoS One, 10: e0119967.

Ruiz-Larrañaga O, Manzano C, Iriondo M, et al. 2011. Genetic variation of toll-like receptor genes and infection by *Mycobacterium avium* ssp. *paratuberculosis* in Holstein-Friesian cattle. Journal of Dairy Science, 94: 3635-3641.

Swanson W J, Vacquier V D. 2002. The rapid evolution of reproductive proteins. Nature Reviews Genetics, 3: 137-144.

Tamura K, Stecher G, Peterson D, et al. 2013. MEGA6: molecular evolutionary genetics analysis version 6.0. Molecular Biology and Evolution, 30: 2725-2729.

Texereau J, Chiche J D, Taylor W, et al. 2005. The importance of Toll-like receptor 2 polymorphisms in severe infections. Clinical Infectious Diseases, 41: S408-S415.

Vasseur E, Patin E, Laval G, et al. 2011. The selective footprints of viral pressures at the human RIG-Ⅰ-like receptor family. Human Molecular Genetics, 20: 4462-4474.

Verstak B, Arnot C J, Gay N J. 2013. An alanine-to-proline mutation in the BB-loop of TLR3 Toll/IL-1R domain switches signalling adaptor specificity from TRIF *to MyD88*. Journal of Immunology, 191: 6101-6109.

Wang L, Chen Y C, Zhang D J, et al. 2014. Functional characterization of genetic variants in the porcine *TLR3* gene. Genetics & Molecular Research, 13: 1348-1357.

Yang Z, Swanson W J. 2002. Codon-substitution models to detect adaptive evolution that account for heterogeneous selective pressures among site classes. Molecular Biology and Evolution, 19: 49-57.

Yang Z, Swanson W J, Vacquier V D. 2000. Maximum-likelihood analysis of molecular adaptation in abalone sperm lysin reveals variable selective pressures among lineages and sites. Molecular Biology and Evolution, 17: 1446-1455.

Yang Z, Wong W S, Nielsen R. 2005. Bayes empirical bayes inference of amino acid sites under positive selection. Molecular Biology and Evolution, 22: 1107-1118.

Young K M, Christopher M M. 2009. Veterinary clinical pathology: history and legacy. Veterinary Clinical Pathology, 38: 271-272.

第4章 基于全基因组重亚硫酸盐测序的普通牛与瘤牛的 DNA 甲基化差异分析

4.1 材料与方法

4.1.1 实验材料

本实验选取了 2 个云南地方瘤牛 BI33 和 BI52、2 个云南地方普通牛 BT47 和 BT57 的肝样本进行全基因组重亚硫酸盐测序（WGBS）。4 个样本均采集于昆明市西福路屠宰场，取得肝组织样本后进行速冻，之后置于–80℃冰箱保存。

4.1.2 实验方法

4.1.2.1 DNA 提取

将样品从–80℃冰箱取出进行解冻，并使用 DNeasy Blood & Tissue Kit（QIAGEN）试剂盒进行 DNA 提取，DNA 提取步骤如下。

1）用酒精棉球对工作台消毒并点燃酒精灯。

2）取出离心管并进行编号。

3）将剪刀、镊子用乙醇消毒、用酒精灯灼烧后置于铝箔纸上备用。

4）从样品管剪取适量肝组织，在离心管中将组织剪碎（需剪得足够碎便于消化，若是带毛或带皮的组织要先去毛、去皮、去脂肪）。

5）在剪好的动物组织（脾组织用量应少于 10mg，其他部位组织应少于 25mg）中加入去离子水处理为细胞悬液，然后 10 000r/min（约 11 200g）离心 1min，弃上清。

6）重复上述步骤 5）。

7）加 180μL buffer ATL、20μL 蛋白酶 K，振荡混匀，放入 56℃水浴锅至完全消化，消化期间振荡摇匀有利于消化完全。

8）消化完全后，在继续下一步之前先振荡 15s。

9）加 200μL buffer AL，漩涡振荡混匀。

10）加浓度（96%～100%）乙醇 200μL，漩涡振荡混匀。

11）将上述混合物用移液枪全部转移入离心柱中，离心柱放入 2mL 回收管中，以 8000r/min（≥6000g）离心 1min，弃去液体和回收管。

12）将离心柱放入一个新的 2mL 回收管中,加 500μL buffer AW1,以 8000r/min
（≥6000g）的速度离心 1min,弃去液体和回收管。

13）将离心柱放入一个新的 2mL 回收管中,加 500μL buffer AW2,以
14 000r/min 的速度离心 3min,弃去液体和回收管。

14）将离心柱转移入新的 1.5mL 或 2mL 的离心管中。

15）加 200μL buffer AE 来洗脱 DNA,将 AE 加到膜中心,室温下放置 1min,
再以 10 000r/min 离心 1min。

16）重复步骤 15）增加 DNA 洗脱量。

注意事项：①离心步骤均在室温下（15～25℃）进行；②溶解 buffer AL、buffer
ATL 中的沉淀物；③buffer AW1 和 buffer AW2 使用时需加入乙醇；④冰冻组织需
冻融到室温。

4.1.2.2　建库与 WGBS

将提取的样本 DNA 进行浓度的检测与质量的控制,检测合格后进入建库流
程,构建好文库后,需经文库质量控制,合格后用 Illumina HiSeq 进行测序,测
序策略为 PE150,测序深度为 30×,整个实验流程如图 4.1 所示。

图 4.1　实验流程图

4.1.3　数据分析

4.1.3.1　数据过滤及序列比对

高通量 Illumina 测序结果以原始图像数据文件作为最初输出,需采用
CASAVA 软件识别碱基后方可转化为原始测序序列,即 raw reads。由于 raw reads
中含有低质量序列和接头序列,为保证后续生物信息分析数据的质量,需对 raw
reads 严格过滤后得到高质量测序序列,即 clean reads,后续分析均基于 clean reads
进行。其数据过滤步骤为：①除去含接头序列的 reads（除去 reads 中接头序列碱
基数>5bp 的序列,若是双端测序,其中一端出现接头污染,则需把两端的 reads
去掉）；②除去低质量的 reads（除去 reads 中质量值 $Q<20$ 的碱基,若是双端测序,

其中一端出现低质量的 reads，则需要把两端的 reads 去掉）；③除去含氮（N）比例>10%的 reads（若是双端测序，其中一端含 N 比例>5%，则去掉两端的 reads）。

过滤后的 reads 使用数据比对软件 Bismark v0.16.3（Krueger and Andrews，2011）与参考基因组进行比对，我们以瘤牛全基因组作为参考基因组，瘤牛参考基因组下载自 NCBI 数据库（https://www.ncbi.nlm.nih.gov/genome/?term=Bos+indicus）。比对过程中，需要对测序序列与参考基因组进行 C-T（正链）和 G-A（反链）的转化，均使用转化后的结果来进行比对。我们将软件设置选项的 bowtie 参数设置成 44nt 且至多允许 2 个错配，为保证数据的精准，将所有甲基化胞嘧啶的 Q 值统一设定为 20，计算公式为

$$Q = 10\log_{10}\left[p(X)/1 - p(X)\right]$$

式中，$p(X)$ 为 reads 的正确概率。

例如，Q 值=20，对应错误识别率是 1%，即正确率是 99%。上机测序过程中，受到测序试剂、测序机器、样品等多重因素的影响，会造成测序错误，所以为保证测序的正确率，需要通过测序错误率来监控数据质量。每个碱基的测序错误率通过测序 Phred 值（Phred score）公式计算得到：

$$\text{Phred} = -10\log_{10}e$$

式中，Phred 为在碱基识别过程中使用错误概率模型计算得到的数值；e 为碱基测序错误率。对应关系如表 4.1 所示。

表 4.1　Q 值与测序正确率的对应关系表

Phred 值	碱基错误识别	碱基正确识别率（%）	Q 值
10	1/10	90	Q10
20	1/100	99	Q20
30	1/1 000	99.9	Q30
40	1/10 000	99.99	Q40

4.1.3.2　差异甲基化区域识别及相关基因识别

差异甲基化区域（DMR）是一个十分重要的表观遗传标记，能影响基因调控，进而影响生物学功能。本研究使用 eDMR v.0.5.1（Li et al.，2013）来识别 DMR，使用 R 包 methylKit v.0.9.2（Akalin et al.，2012）来对 DMR 进行相关分析。DMR 是通过对差异甲基化胞嘧啶（differentially methylated cytosine，DMC）进行统计学计算来识别的，DMC 数量会对 DMR 识别造成直接的影响。DMR 的识别标准为在多个样品基因组的相同位置寻找单个位点覆盖深度≥10 且至少包含 1 个 DMC（Akalin et al.，2012）和 3 个 CpG、甲基化水平平均差异>20%的区域（Li et al.，2013）。在 DMR 分析中，我们计算了每条染色体上 10×以上覆盖深度 C 位点甲基化水平的

相关性，通过相关系数和相关性分析图可以直观地看到样品间的差异。本研究对识别到的 DMR 长度进行了统计，筛除了长度<150bp 的 DMR 且后续分析均基于长度>150bp 的 DMR 进行，之后将找到的 DMR 注释到 Gene Body 来比较 DMR 在 Gene Body 不同区域的分布情况，这样可以更好地帮助我们理解甲基化修饰对基因调控的影响。而 DMR 聚类分析有助于研究不同样本间的相关性和差异，用于判断不同实验样本中 DNA 甲基化修饰的差异，进而推测这种差异模式背后的生物学意义。

4.1.3.3　差异甲基化基因的两种富集分析

基因本体（gene ontology，GO）是一个国际标准化、生物信息领域广泛使用的基因功能分类体系，可以全面地描述生物体中基因和基因产物的属性（Ye et al.，2006）。GO 包含：生物学过程（biological process）、细胞组分（cellular component）、分子功能（molecular function）。京都基因和基因组数据库（Kyoto Encyclopedia of Genes and Genomes，KEGG）是一个整合了基因组、系统功能信息和化学等方面来破译基因组功能的数据库，能为研究者提供丰富的生物学信息（Kanehisa and Goto，2000）。在本研究中，我们基于 DAVID 对 DMR 相关差异甲基化基因进行 GO 和 KEGG 富集分析，预测差异甲基化基因行使的主要生物学功能。

4.2　结果与分析

4.2.1　WGBS 数据质量控制和序列比对

对 4 个肝样本进行 DNA 提取后使用 WGBS 进行测序，得到 DNA 甲基化测序的 raw reads 后对原始数据进行严格质量控制，去除低质量读段，随后用过滤后的高质量的 clean reads 与参考基因组进行比对，具体结果如表 4.2 所示。为了直观地看到测序过程中测序质量的稳定性，以过滤后序列的碱基位置为横坐标、以每个位置的平均 Q 值为纵坐标绘制了测序质量分析图（图 4.2），可以清晰地看到测序过程的稳定性。

表 4.2　基于 WGBS 的 DNA 甲基化原始数据、质量控制及比对情况

	BI33	BI52	BT47	BT57
原始序列数	约 8.0 亿	约 10.5 亿	约 10.4 亿	约 10.5 亿
高质量序列数	约 6.4 亿	约 5.8 亿	约 5.9 亿	约 6.0 亿
比对到参考基因组的比率（%）	77.76	74.39	78.21	75.76
唯一比对到参考基因组的数据及比率	约 4.7 亿 74.1%	约 4.1 亿 70.9%	约 4.4 亿 74.5%	约 4.4 亿 72.3%
每条链的覆盖深度	13.3×	11.56×	12.24×	12.2×
错误率（%）	0.4409	0.411	0.4217	0.2519

由表 4.2 可以看出，BI33 的 raw reads 约为 8 亿，BI52 约为 10.5 亿，BT47 约为 10.4 亿，BT57 约为 10.5 亿。经质量控制和比对参考基因组后，BI33、BI52、BT47、BT57 能与参考基因组相比对的 reads 在 clean reads 中所占的百分比（即 mapped ratio）分别为 77.76%、74.39%、78.21% 和 75.76%，均超过 70%，平均得到 6 亿的 clean reads。BI33、BI52、BT47、BT57 分别约有 4.7 亿、4.1 亿、4.4 亿、4.4 亿的 clean reads 能唯一地与参考基因组比对上。由图 4.2 可以看出，测序过程较稳定，质量较好，约 90% 的碱基对的 Q 值均为 30，正确率都在 99.9% 以上，结合表 4.2 和图 4.2 来看，本研究数据的数量和质量已能满足研究家牛 DNA 甲基化的需求。

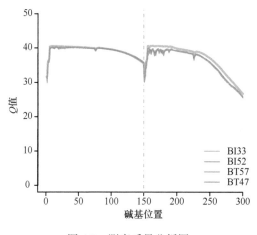

图 4.2　测序质量分析图

4.2.2　数据统计和覆盖度分析

经过进一步统计分析发现，每个样品约有 1.5×10^7 个胞嘧啶发生了 DNA 甲基化，且发现了 3 种不同的甲基化序列类型，分别为 mCG、mCHG 和 mCHH（表 4.3）。从表 4.3 可看出，4 个样品平均 mCG 率约为 95%，表明在家牛体内主要的甲基化模式还是 CpG 类型，非 CpG 类型虽少但也存在。因有效覆盖度会对甲基化水平造成影响，我们还基于全基因组和功能区域对甲基化 C 位点的有效覆盖度进行了统计。C 碱基的有效覆盖度 ≥1，即认为该 C 碱基被有效覆盖。本研究中有效覆盖度考虑的是深度 ≥5 的 C 位点，基于支持甲基化的 reads 和支持非甲基化的 reads 数据来进行计算，具体公式为

C 位点有效覆盖度 = 深度不小于 5 的 C 位点数/C 位点总数

表 4.3　3 种序列类型甲基化 C 的数量及比例

	BI33	BI52	BT47	BT57
MC 数量	16 764 297	15 062 634	14 718 503	13 134 721
mCG 数量	16 069 376	14 400 650	14 027 871	12 471 623
mCHG 数量	152 432	137 083	144 241	136 261
mCHH 数量	542 489	524 901	546 391	526 837
mCG 率（%）	95.85	95.61	95.31	94.95
mCHG 率（%）	0.91	0.91	0.98	1.04
mCHH 率（%）	3.24	3.48	3.71	4.01

注：mCG 为 CpG 二核苷酸位点发生甲基化的胞嘧啶，mCHG 和 mCHH 代表非 CpG 位点的甲基化胞嘧啶，其中 H 代表 A、T 或 C 碱基，mCG 率=mCG/mC

　　图 4.3 中 4 个样品的 CG 有效覆盖度在 30%～50%、CHG 有效覆盖度在 40%～60%、CHH 有效覆盖度均高于 50%，覆盖度均较高，说明有效覆盖了大部分的 C 位点。由图 4.4 可以看出，3 种序列类型都是外显子（exon）区域覆盖度最低，而内含子（intron）区域覆盖度最高。

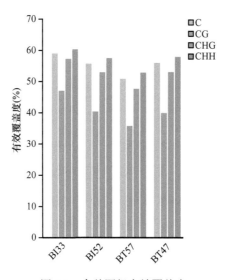

图 4.3　全基因组有效覆盖度

4.2.3　甲基化 C 分布趋势分析

　　不同类型 C 碱基有不同的甲基化形成机制，且在不同物种间（Lister et al.，2009）或同一物种不同类型细胞间甲基化水平都有差异。我们将从基因组和功能元件来分析甲基化 C 的分布情况，可以初步反映家牛 DNA 的甲基化特征。本研

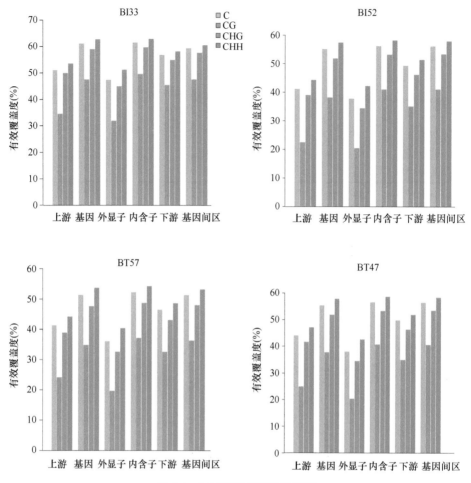

图 4.4　区域甲基化有效覆盖度

究还对甲基化 C 碱基附近的碱基分布情况进行了研究，统计了 CG 附近序列碱基出现的概率，可清晰地看出 CG 序列背景下甲基化胞嘧啶上下游的序列特征。

4.2.3.1　基因组甲基化 C 分布

图 4.5 展示了 4 个样品的整体甲基化水平，CG 位点的甲基化水平均达到 60% 以上，而 CHG 和 CHH 位点几乎为 0%，表示 CHG 和 CHH 位点处于低甲基化水平或未被甲基化。图 4.6 中横坐标表示甲基化胞嘧啶的甲基化水平，从左往右每 20% 为一格，甲基化水平依次从低到高，纵坐标表示甲基化胞嘧啶的密度，表示某一特定甲基化水平的 C 碱基在所有甲基化 C 碱基中所占的比例。甲基化水平达到 70% 以上为高度甲基化水平，低于 70% 为低甲基化水平。根据图 4.6 也可以看出，在基因组中，随甲基化水平升高甲基化胞嘧啶密度也逐渐增大，甲基化水平

达到 100%时密度达到最大，当甲基化水平达到 70%以上时，CG 的甲基化水平明显高于 CHH 和 CHG，当甲基化水平低于 70%时，CHH 和 CHG 类型的甲基化水平高于 CG。结合图 4.5 和图 4.6 得出，CG 位点密度高，甲基化水平为中高甲基化水平，相比较而言，CHG 和 CHH 位点密度较低，甲基化水平为低甲基化水平。

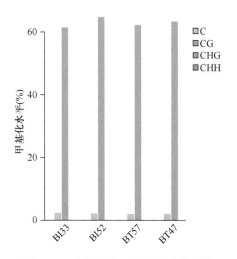

图 4.5　4 个样品的甲基化水平分布图

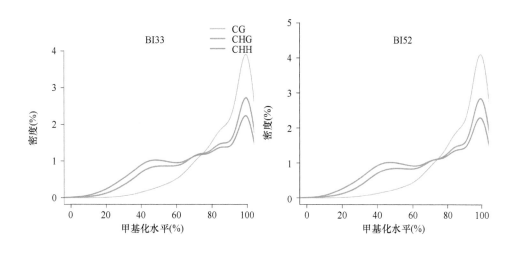

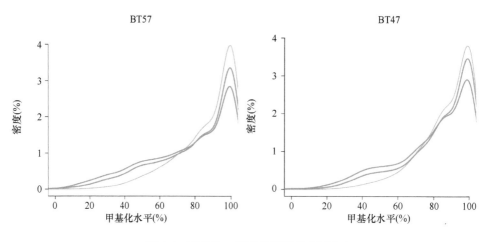

图 4.6　甲基化 C 碱基的甲基化水平分布

4.2.3.2　不同功能元件甲基化 C 分布

区域甲基化 C 类型的甲基化水平=100×该区域 C 位点甲基化水平累加之和/该区域深度不小于 5 的 C 位点个数。图 4.7 中横坐标代表不同功能元件，纵坐标表示甲基化水平，从图中可以看出，在不同的功能元件中，都是 CG 位点占主要地位，CHG 和 CHH 甲基化水平很低。除去上游部分，其余元件甲基化水平均在 60% 左右，基因的甲基化水平是最高的，外显子、下游区域和基因间区三者甲基化水平差异不大。为更加清晰地看到 4 个样本转录元件区域 CG 类型的甲基化水平，我们将所有编码基因序列分成 7 个不同的转录元件区域，并将上下游 2K 分成 40 等份，其他区域分别分成 20 等份，在此基础上对不同转录元件的甲基化水平进行统计。图 4.8 的横坐标表示 7 个不同的转录元件区域，纵坐标表示特定区域各位点的平均甲基化水平，a 与 b 之间的绿色虚线即转录起始位点（TSS）。图 4.8 横坐标中 a 为上游区域，b 为第一外显子，c 为第一内含子，d 为内部外显子，e 为内部内含子，f 为最后外显子，g 为下游区域。根据图 4.8 可以看出，从上游区域到第一外显子区域时，甲基化水平在 TSS 位置剧烈上升后剧烈下降，形成一个尖峰，b 区也是几个区域中甲基化水平最低的区域。之后 c 区上升到一个较高水平，经历一个上升—平稳—下降的趋势，c 区和 d 区之间也有个下落的尖峰，后面 d、e、f、g 区到达较高的甲基化水平后基本稳定不变，与图 4.7 所示的整体分布基本一致，内含子仍然是甲基化水平最高的转录元件。

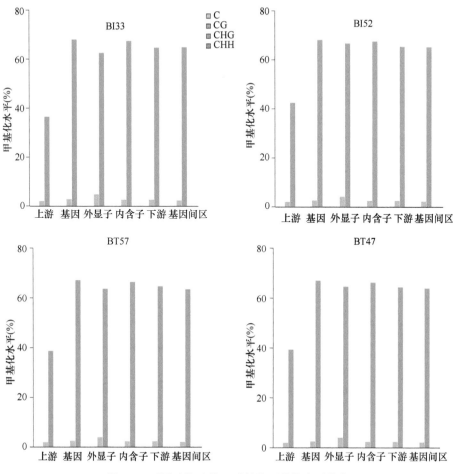

图 4.7　不同功能元件 C 碱基的甲基化水平分布

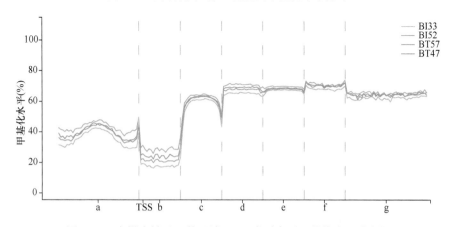

图 4.8　4 个样本转录元件区域 mCG 类型序列甲基化水平分布图

4.2.4 碱基偏好性

为了探索家牛基因组的甲基化状态是否与碱基偏好性相关（碱基偏好性即甲基化 C 附近的碱基分布情况），我们对甲基化胞嘧啶的碱基偏好性进行了分析，统计了 CG 序列附近碱基出现的概率。如图 4.9 所示，其中第 7 位上用于分析 C 碱基，结果发现，CG 下游总跟随 TATA 组合，上游总是 AATAAA 组合，A、T、C、G 四种碱基出现频率相近，无明显偏好性。

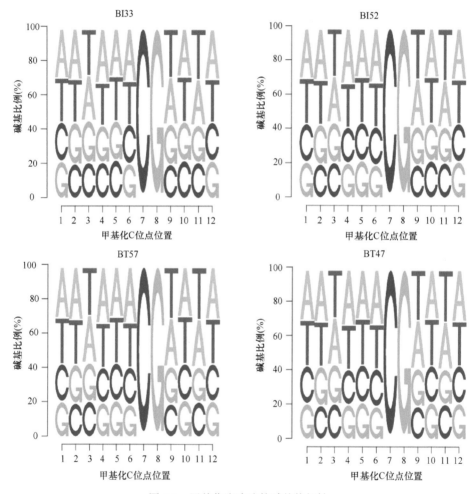

图 4.9 甲基化胞嘧啶的碱基偏好性

4.2.5 甲基化图谱

对于家牛的甲基化图谱，我们主要从染色体角度来进行了描绘。多层次、多角度的甲基化图谱分析有助于我们深刻理解家牛的 DNA 甲基化，还能为后续深层次的甲基化研究奠定基础。对于染色体尺度下的甲基化分布图谱，我们随机选取一条染色体，通过划窗口的方法计算每个窗口的甲基化水平来进行图谱的绘制。

　　本研究对 4 个样品的所有染色体都进行了绘图，从染色体水平分析甲基化 C 碱基的分布。我们随机选取了 2 号常染色体，通过划窗口的方法来计算每个窗口的甲基化水平，窗口大小都设置为 10K，采用柱形图高低来表示甲基化水平的高低。如图 4.10 所示，在 4 个样品中，CG 柱形图明显高于 CHG 和 CHH 的柱形图，说明 CG 甲基化水平高于后两者，也再次证明了家牛甲基化组中 CG 类型的甲基化模式占有主要地位。

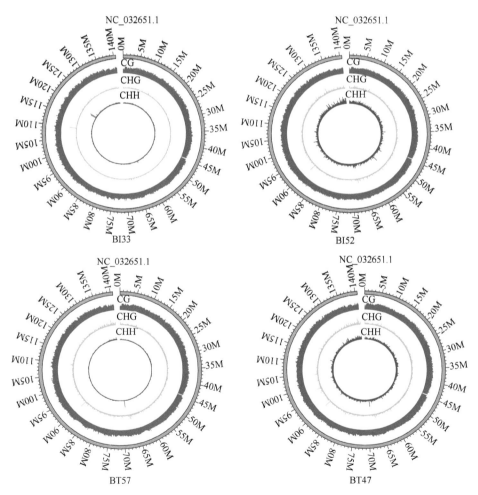

图 4.10　瘤牛和普通牛 4 个样品在染色体尺度下的甲基化图谱

最外圈为染色体刻度，红色圈代表 CG 类型甲基化水平，绿色圈代表 CHG 类型甲基化水平，蓝色圈代表 CHH 类型甲基化水平

4.2.6　差异甲基化分析

进行 DMR 分析能帮助我们更快地找到差异甲基化基因，找到差异明显的甲基化基因是本实验的重要目的。在识别 DMR 之后需要进行严格筛选，需要去掉缺少注释信息的区域，保证 $P<0.05$、DMR 长度≥150bp、重复值的部分（overlap）≥100bp、CpG 数目≥5 且 DMC 数目>3。其中 $P<0.05$ 为显著差异，在上述筛选条件下，本实验选取 $P<0.001$ 非常显著的基因来进行后续分析。

4.2.6.1　DMR 分析

图 4.11 以 2 号染色体来进行样品的相关性分析，右上三角的数字表示每两个样本的皮尔逊相关系数，系数越接近 1，说明相关性越强，也就意味着差异越不显著。比较了两两样品之间的相关系数发现，BI52 和 BT57 的相关系数较小，为 0.57，即两者差异较显著。而对于同类型的家牛来说，系数相对较大，BI33 与 BI52 的相关系数为 0.65，BT47 和 BT57 的相关系数则更高，为 0.74。我们在选择样本时应优先挑选同类型相关系数大而不同类型之间相关系数较小的，这样的样本才为最理想的实验样品，以上结果表明，我们挑选的样本较为理想。左下三角表示对应的两样本间相关性密度，每个点的横纵坐标表示在两样本中的甲基化水平，颜色越偏蓝色说明密度越小，反之，颜色越亮越偏黄色则密度越大，即每个点代表两个数值，两者差值大于设定的阈值则颜色逐渐变亮。左上到右下的主对角线表示对应样本 CG 序列的甲基化水平分布图，可以看出，密度差值越大的 CG 位点说明两者间甲基化差异也越大，也就越容易找到差异显著的 DMR。将本次实验中的所有 DMR 进行严格筛选，共筛选到 448 个非常显著的 DMR，再将找到的 DMR 在 Gene Body 上注释后得到图 4.12。比较 DMR 在 Gene Body 不同区域的分布情况，有助于我们理解甲基化修饰的改变对基因调控的影响。将样品按家牛类型分为两个组来进行对照分析，可以看出在内含子区域的 DMR 数量较多，既有高甲基化的 DMR，又有低甲基化的 DMR，且二者的 DMR 数量占比都较高，而外显子和上游区域的 DMR 数量较少，内含子几乎是二者的 20 倍，说明内含子甲基化水平较高且甲基化水平差异较大。

4.2.6.2　DMR 聚类分析

为进一步更直观地分析不同组样品间的相关关系和差异趋势，将样品分为瘤牛和普通牛两组，用 448 个 DMR 的甲基化水平来进行聚类热图分析（图 4.13）。热图颜色表示的是 DMR 聚类后甲基化水平的高低，颜色越红表示甲基化水平越高，反之颜色越蓝，甲基化水平越低。从整体上看，组内的聚类较为相似，然而

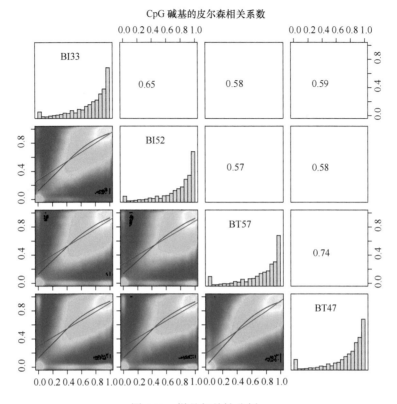

图 4.11　样品相关性分析

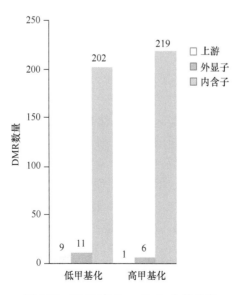

图 4.12　DMR 在 Gene Body 上的分布

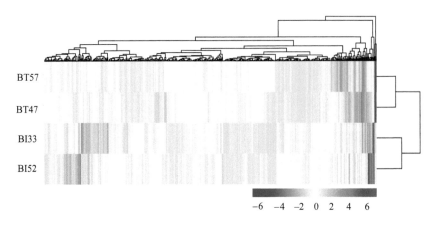

图 4.13 DMR 聚类分析热图

两个组之间某些区域颜色相反，这代表某些 DMR 差异较大。从组内看，瘤牛和普通牛组内都有甲基化差异较大的区域。但相对于组内的差异趋势来说，组内的差异是相对稳定的，对于差异巨大的 DMR 需要考虑其假阳性的可能。我们后续还需要对这些 DMR 相关基因进行功能注释和功能富集来寻找差异甲基化基因并详细探讨差异甲基化基因的作用。

4.2.7 GO 功能分析

我们将找到的 DMR 相关的差异基因进行注释，其中对 273 个基因成功进行了 GO 注释，共有 40 条 GO 条目被显著（$P<0.05$）富集，注释结果列在表 4.4 中，GO 注释率达到 60%，将其分为分子功能（molecular function）、细胞组分（celluar component）和生物学过程（biological process）后得到图 4.14。在三类分组中，生物学过程有 118 个差异基因显著富集，细胞组分有 112 个基因显著富集，分子功能有 43 个基因显著富集。在图 4.14 中，横轴表示三类分组下的 GO 条目，纵轴表示基因个数，可以看出在生物学过程中，差异甲基化基因主要注释到信号转导、转录调控、各类神经细胞发育、心脏发育和前脑发育等相关功能，发育过程相关基因占比较高，之前研究中也提到甲基化对生物前期发育具有重要作用，我们的实验结果也证明了甲基化在发育过程中可能起到关键性作用。而免疫系统过程包含内吞作用、药物应答、抑制 miRNA 介导的翻译过程，虽然占比较少，但也不容忽视，这意味着甲基化对家牛免疫调节也具有一定作用。在细胞组分中，占比较高的是胞质溶胶、高尔基体、黏着斑与轴突。其中轴突、树突和突触后膜都与神经细胞相关，而轴突严重破裂或轴突运转异常和病变都是疾病发生等的征兆。在分子功能中，占比最高的是 GTP 酶激活活性，其余还有转录激活活性、鸟嘌呤核苷酸交换因子活性、药物结合和 NAD 结合。有些具体作用还尚未知晓，但对疾病的作用显然是存在的。

表 4.4　差异甲基化基因的 GO 富集分析

GO ID	基因个数	P 值	通路
0007264	13	0.0024	小 GTP 酶介导的信号转导
0045893	12	0.0361	转录的正调控，DNA 模板
0035023	9	0.0002	Rho 蛋白信号转导的调控
0006897	9	0.0012	内吞作用
0007507	7	0.0415	心脏发育
0090630	6	0.0135	GTP 酶活性的激活
0042493	6	0.0219	药物反应
0060079	5	0.0010	兴奋性突触后电位
0070588	5	0.0061	钙离子跨膜转运
0008206	4	0.0030	胆汁酸代谢过程
0016358	4	0.0138	树突发育
0043552	4	0.0138	磷脂酰肌醇 3 激酶活性的正调控
0007416	4	0.0175	突触组装
0030900	4	0.0345	前脑发育
0032880	4	0.0437	蛋白质定位调控
0007368	4	0.0470	左/右对称性的确定
0060087	3	0.0076	血管平滑肌松弛
0043393	3	0.0304	蛋白质结合调节
0035278	3	0.0304	miRNA 介导的翻译抑制
0016601	3	0.0354	Rac 蛋白信号转导
0006998	3	0.0354	核被膜组织
0048041	3	0.0407	黏着斑组装
0005829	36	0.0083	胞质溶胶
0005794	20	0.0288	高尔基体
0005925	16	0.0055	黏着斑
0030424	10	0.0010	轴突
0030136	6	0.0010	披网格蛋白小泡
0005901	5	0.0179	小凹
0098794	4	0.0034	突触后膜
0043198	4	0.0050	一级树突
0016235	4	0.0218	聚集体
0045335	4	0.0370	吞噬泡
0043195	3	0.0487	内脏神经
0005096	13	0.0008	GTP 酶激活
0005089	7	0.0023	Rho-鸟嘌呤核苷酸交换因子活性
0001228	6	0.0269	转录激活因子活性，RNA 聚合酶 II 转录调控区序列特异性结合
0008144	5	0.0053	药物结合
0005085	5	0.0216	鸟嘌呤核苷酸交换因子活性
0051287	4	0.0363	NAD 结合
0005234	3	0.0481	细胞外谷氨酸门控离子通道活性

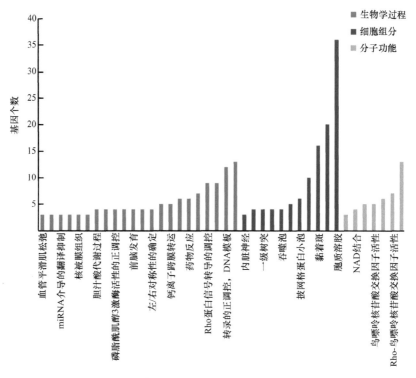

图 4.14　差异甲基化基因的 GO 富集分析

4.2.8　KEGG 通路分析

除 GO 外，我们还对差异甲基化基因进行了 KEGG 注释及通路聚类分析，可以更详细地看到差异甲基化基因的功能特征及作用。如表 4.5 所示，共有 12 条通路显著（$P<0.05$）富集，其中 6 条（癌症通路、Rap1 信号通路、黑色素瘤、癌症中的胆碱代谢、非小细胞肺癌、神经胶质瘤）都与癌症相关、3 条（嘌呤代谢、cGMP-PKG 信号通路、趋化因子信号通路）与免疫系统相关、2 条（谷氨酸能突触、胰岛素分泌）与疾病相关。对 KEGG 通路进行功能聚类后也可以看出（图 4.15），功能极显著地富集到"胃酸分泌"和"黑色素瘤"，说明差异甲基化基因与癌症、免疫可能具有密切联系。

表 4.5　差异甲基化基因的 KEGG 注释结果

KEGG 通路	差异甲基化基因数	P 值	基因
癌症通路	18	0.0044	DCC，ADCY8，PPARγ，MITF，CDK6，FGF13，ZBTB16，FGF12，RB1，HGF，MECOM，CTNNA3，COL4A5，NCOA4，PLCG2，EGF，PLCB1，IKBKB
Rap1 信号通路	12	0.0055	PARD3，MAGI1，ADCY8，TIAM1，TLN2，FGF13，RAPGEF4，FGF12，HGF，EGF，PLCB1，DOCK4
嘌呤代谢	10	0.0120	GDA，ADCY8，PGM1，PDE1A，POLA1，AK5，PDE4D，PAPSS1，PRPS2，AK9

续表

KEGG 通路	差异甲基化基因数	P 值	基因
抗生素的生物合成	10	0.0300	*SC5D, OTC, SUCLG1, PGM1, AK5, PAPSS1, PRPS2, AK9, PCCA, ACAA1*
cGMP-PKG 信号通路	9	0.0247	*KCNMA1, SLC8A1, GTF2I, ADCY8, GATA4, CREB3L4, PPP3CA, PRKG1, PLCB1*
趋化因子信号通路	9	0.0417	*PARD3, VAV3, ADCY8, TIAM1, FOXO3, IKBKB, PLCB1, ELMO1, SHC4*
黑色素瘤	7	0.0040	*MITF, CDK6, FGF13, RB1, FGF12, HGF, EGF*
癌症中的胆碱代谢	7	0.0180	*EIF4EBP1, DGKB, SLC44A5, PCYT1B, PIP5K1A, GPCPD1, EGF*
谷氨酸能突触	7	0.0320	*GRM3, GRIK1, ADCY8, GRIK2, GRIA3, PPP3CA, PLCB1*
胰岛素分泌	6	0.0292	*KCNMA1, ADCY8, CREB3L4, RAPGEF4, PLCB1, PCLO*
非小细胞肺癌	5	0.0300	*PLCG2, CDK6, RB1, FOXO3, EGF*
神经胶质瘤	5	0.0479	*PLCG2, CDK6, RB1, EGF, SHC4*

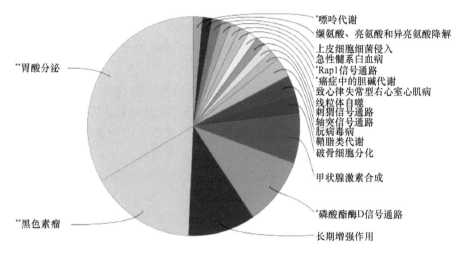

图 4.15　KEGG 通路的聚类图

*表示显著富集的通路；**表示极显著富集的通路

4.3　讨　　论

本实验采取的甲基化测序技术为 WGBS，高精度的分辨率能检测出家牛全基因组中每个碱基的甲基化状态，是目前较精准的测序手段。近年来该方法得到了国内外学者的肯定，如用 WGBS 检测了小鼠脑内的甲基化位点，发现了 DNA 甲基化与阿尔茨海默病的关系（Zhang et al., 2017），Fang 等（2017）也利用 WGBS 比较分析了日本黑牛（Wagyu）与中国草原红牛背最长肌的甲基化差异。在面对庞大的 WGBS 数据时，还有一系列系统的数据分析方法可以选择，如数据质量控制软件 BSeQC（Lin et al.，2013），DMR 检测工具 ABBA（Rackham et al.，2017）、MethylSig（Park et al.，2014）、annotatr（Cavalcante and Sartor，2017）等，以及甲基化数据可视化工具 IGV（integrative genomics viewer）（Thorvaldsdóttir et al.，2013）、UCSC（Karolchik et al.，2003）等。方便齐全的分析软件能让 WGBS 的数据得到快速精准的处理与分析，这也成为该方法被选择的重要原因之一。尽管如此，WGBS 在一些方面仍存在缺陷。例如，在多样品研究中，WGBS 在单碱基分辨率下无法分辨 5-羟甲基胞嘧啶（5hmC）和 5-甲基胞嘧啶（5mC），5hmC 是 5mC 脱甲基过程中的一个中间产物，在某些哺乳动物细胞和组织中丰度很高（Kriaucionis and Heintz，2009），在测序过程中易将 5hmC 计作 5mC，对实验结果存在一定影响，对于此，Booth 等（2012）提出的氧化-重亚硫酸盐测序法（oxidative bisulfite sequencing，oxBS-seq）能克服该弊端，oxBS-seq 会将 5hmC 读为胸腺嘧啶，而 5mC 仍被读为胞嘧啶，随后将经过氧化处理和未处理的样本进行测序比较，即可在单碱基分辨率下分辨 5hmC 和 5mC。换言之，oxBS-seq 是改良升级版的 WGBS，不仅继承了优点，还弥补了 WGBS 的缺点，但目前尚未得到广泛使用，对后续数据的处理也还存在较大难度。综合来看，WGBS 仍是现阶段较适合的甲基化测序方法。

本研究发现，普通牛与瘤牛 DNA 甲基化主要发生在 CpG 位点上，4 个样品的 CpG 位点甲基化密度平均为 95%，说明普通牛和瘤牛最主要的甲基化模式是 CG 类型，但也存在少量非 CG 类型的甲基化序列，CG 类型甲基化水平相对较高。换言之，在哺乳动物中，CpG 位点的甲基化几乎是完全甲基化或未甲基化的（Couldrey et al.，2014）。普通牛和瘤牛中有非 CG 类型甲基化模式的结论也支持了其他关于哺乳动物非 CG 类型甲基化的研究结果（Jang et al.，2017；Yu et al.，2017）。在对转录元件甲基化水平的研究中发现，相较其他元件来说，基因与内含子的甲基化水平较高。内含子为非编码序列，且相对于外显子来说其长度较长，基因占比也较大，这也可能是内含子甲基化水平偏高的原因之一。虽然内含子为非编码序列，但现阶段人们也开始关注内含子的功能，研究发现，内含子也参与基因的启动表达，可能与基因表达调控有关。例如，*CYP3A4* 内含子具有方向性且会影响启动子对 *CYP3A4* 基因的转录从而对基因表达起到调控作用（王以婷等，2017），在患子宫内膜异位症的人体中，第一内含子 CpG 岛发生中高度甲基化，调控了 *SF-1* 基因（可促进芳香化酶和局部雌激素的合成）的表达（薛晴等，2012）。本实验中有 219 个 DMR 内含子高甲基化，也有 201 个 DMR 内含子低甲基化，这些内含子区域的 DMR 甲基化水平是否也会对基因调控起到作用还需要更进一步验证。

此外，我们共识别到 448 个差异显著的 DMR，然后进行 GO、KEGG 注释和聚类分析发现，大部分的基因都显著富集到癌症、免疫系统和疾病相关的功能上。其中极显著富集到"癌症通路""Rap1 信号通路"与"嘌呤代谢"这几条通路，得到的富集结果也与我们的研究目的相一致，家牛的甲基化状态可能与疾病、免疫具有重大关系，而深入分析差异甲基化基因能促进对普通牛和瘤牛疾病及免疫相关领域的探索。在"癌症通路"中共富集到 18 个甲基化差异基因，其中 *PPARγ* 是一个通过过氧化物酶体增生来活化 γ 受体且可编码蛋白质的基因，研究发现，它在奶牛乳腺上皮细胞中可正向调节牛奶中脂肪的合成（Liu et al.，2016），在本书第 2 章中也提到该基因的甲基化程度与动物肥胖有一定关系，在猪的背膘组织中也观察到 *PPARγ* 基因甲基化水平与背膘厚度有关，参与了猪的脂质代谢（Ma et al.，2012）。我们的实验结果也显示，瘤牛该基因的甲基化水平高于普通牛，从表型上看瘤牛背膘一般为 30mm（史建伟等，2016），而普通牛只能达到 10mm 左右（曲明姿，2015），这也说明 DNA 甲基化差异造成了普通牛和瘤牛的表型差异。另一个 *MITF* 是位于 22 号染色体上与黑色瘤转录因子有关的基因，该基因与 Fleckvieh 牛的遗传病症有关，患病牛会伴有色素消退、异色症、先天性眼疾和双耳失聪等病症（Philipp et al.，2011），该病症的发现对人类 Tietz 综合征和 2A 型 Waardenburg 综合征都具有贡献作用，牛将作为研究这些病症的大型动物模型（Tietz，1963；Smith et al.，2000）。普通牛中关于该基因的研究较多，该基因表达异常会造成普通牛的黑白斑纹颜色消退，本研究结果显示，普通牛该基因的甲基化水平明显低于瘤牛，但 *MITF* 基因的低甲基化水平是否调控普通牛的毛色还需进一步详细的分子机制研究。

　　Rap1 是指一种小 GTP 酶，有 Rap1A 和 Rap1B 两种亚型，在多种信号通路中起到分子开关的作用，如增殖、分化、凋亡和形态形成等通路（Boettner and Aelst，2009；Chrzanowska-Wodnicka，2013）。研究发现，Rap1 在细胞之间的黏附、免疫反应及血管生成等方面扮演着关键角色（Frische and Zwartkruis，2010）且在肿瘤中也发挥重要作用，参与了多种肿瘤的发生和转移。本研究中，富集到 Rap1 信号通路的 *TIAM1* 基因参与了 T 细胞淋巴瘤的入侵与转移，研究发现，该基因能明显提高 Rac1（Ras-related C3 botulinum toxin substrate 1，Ras 相关的 C3 肉毒素底物 1）的活性，从而促进细胞外基质降解，提升肿瘤细胞的穿透能力（Binker et al.，2010）。嘌呤代谢是与免疫系统相关的通路，嘌呤是一种存在于生物体内的化学成分，参与 DNA、RNA 和 ATP 等重要物质的合成过程。研究发现，对于哺乳动物细胞来说，嘌呤具有毒性，嘌呤的异常也会造成免疫系统疾病和神经系统功能紊乱等（Brouwer et al.，2010）。上述基因的甲基化水平在普通牛和瘤牛中差异较大，我们认为这些基因可能对普通牛和瘤牛的疾病抗性、生理特性等有显著作用，或者说普通牛和瘤牛甲基化水平的差异也会造成疾病抗病力和免疫力方面的差异，本研究的实验结果只能在 DNA 甲基化水平上看出差异，在下一步的研究中需要结合差异基因的甲基化水平和表达水平进行联合分析，且针对差异基因甲基化状态对基因表达的调控作用进行实验验证。

普通牛和瘤牛的 DMR 甲基化水平差异明显，但在同类型牛之间比较，甲基化水平是相对稳定的。我们的结果中有出现同类型牛的 DMR 差异比较大的情况，考虑原因可能是两头牛处于不同的饲养环境及年龄有差异，这些都会造成甲基化水平的差异。此外，在实验过程中，测序错误或实验误差也会造成同类型牛之间甲基化水平差异较大的情况，如 BI33 甲基化水平为 0%而 BI52 甲基化水平为 100%，在进行数据筛选时，应将此类数据排除，尽量避免假阳性和假阴性的存在后再进行后续分析。

参 考 文 献

曲明姿. 2015. 夏季高低产奶牛的生产性能和脂肪代谢的差异. 南京: 南京农业大学硕士学位论文.

史建伟, 王婧, 李清, 等. 2016. 不同肉牛品种育肥与屠宰性能的比较研究. 中国牛业科学, 42: 24-29.

王以婷, 杨卫红, 赵云龙, 等. 2017. CYP3A4 内含子 10 对 CYP3A4 基因表达的增强子作用. 昆明医科大学学报, 38: 13-17.

薛晴, 徐阳, 左文莉, 等. 2012. 第一内含子 DNA 甲基化在子宫内膜异位症中对 SF-1 的上调作用. 中华医学会第十次全国妇产科学术会议.

Akalin A, Kormaksson M, Li S, et al. 2012. methylKit: a comprehensive R package for the analysis of genome-wide DNA methylation profiles. Genome Biology, 13: R87.

Binker M G, Binker-Cosen A A, Richards D, et al. 2010. Hypoxia-reoxygenation increase invasiveness of PANC-1 cells through Rac1/MMP-2. Biochemical & Biophysical Research Communications, 393: 371-376.

Boettner B, Aelst L V. 2009. Control of cell adhesion dynamics by Rap1 signaling. Current Opinion in Cell Biology, 21: 684-693.

Booth M J, Branco M R, Ficz G, et al. 2012. Quantitative sequencing of 5-methylcytosine and 5-hydroxymethylcytosine at single-base resolution. Science, 336: 934-937.

Brouwer A P M D, Bokhoven H V, Nabuurs S B, et al. 2010. PRPS1 mutations: four distinct syndromes and potential treatment. American Journal of Human Genetics, 86: 506-518.

Cavalcante R G, Sartor M A. 2017. annotatr: genomic regions in context. Bioinformatics, 33: 1-3.

Chrzanowska-Wodnicka M. 2013. Distinct functions for Rap1 signaling in vascular morphogenesis and dysfunction. Experimental Cell Research, 319: 2350-2359.

Couldrey C, Brauning R, Bracegirdle J, et al. 2014. Genome-wide DNA methylation patterns and transcription analysis in sheep muscle. PLoS One, 9: e101853.

Fang X, Zhao Z, Yu H, et al. 2017. Comparative genome-wide methylation analysis of longissimus dorsi muscles between Japanese black (Wagyu) and Chinese red steppes cattle. PLoS One, 12: e0182492.

Frische E W, Zwartkruis F J. 2010. Rap1, a mercenary among the Ras-like GTPases. Developmental Biology, 340: 1-9.

Thorvaldsdóttir H, Robinson J T, Mesirov J P. 2013. Integrative Genomics Viewer (IGV):

high-performance genomics data visualization and exploration. Briefings in Bioinformatics, 14: 178-192.

Jang H S, Shin W J, Lee J E, et al. 2017. CpG and non-CpG methylation in epigenetic gene regulation and brain function. Genes, 8: 1-20.

Kanehisa M, Goto S. 2000. KEGG: Kyoto Encyclopedia of Genes and Genomes. Nucleic Acids Research, 27: 29-34.

Karolchik D, Baertsch R, Diekhans M, et al. 2003. The UCSC genome browser database. Nucleic Acids Research, 31: 51-54.

Kriaucionis S, Heintz N. 2009. The nuclear DNA base 5-hydroxymethylcytosine is present in Purkinje neurons and the brain. Science, 324: 929-931.

Krueger F, Andrews S R. 2011. Bismark: a flexible aligner and methylation caller for bisulfite-seq applications. Bioinformatics, 27: 1571-1572.

Li S, Garrett-Bakelman F E, Akalin A, et al. 2013. An optimized algorithm for detecting and annotating regional differential methylation. BMC Bioinformatics, 14: S10.

Lin X, Sun D, Rodriguez B, et al. 2013. BSeQC: quality control of bisulfite sequencing experiments. Bioinformatics, 29: 3227-3229.

Lister R, Pelizzola M, Dowen R H, et al. 2009. Human DNA methylomes at base resolution show widespread epigenomic differences. Nature, 462: 315-322.

Liu L, Lin Y, Liu L, et al. 2016. Regulation of peroxisome proliferator-activated receptor gamma on milk fat synthesis in dairy cow mammary epithelial cells. In vitro Cellular & Developmental Biology-Animal, 52: 1044-1059.

Ma J D, Li M Z, Zhou S L, et al. 2012. Methylation-sensitive amplification polymorphism analysis of fat and muscle tissues in pigs. Genetics & Molecular Research, 11: 3505-3510.

Park Y, Figueroa M E, Rozek L S, et al. 2014. MethylSig: a whole genome DNA methylation analysis pipeline. Bioinformatics, 30: 2414-2422.

Philipp U, Lupp B, Mömke S, et al. 2011. A MITF mutation associated with a dominant white phenotype and bilateral deafness in German Fleckvieh cattle. PLoS One, 6: e28857.

Rackham O J, Langley S R, Oates T, et al. 2017. A Bayesian approach for analysis of whole-genome bisulphite sequencing data identifies disease-associated changes in DNA methylation. Genetics, 205: 1443-1458.

Smith S D, Kelley P M, Kenyon J B, et al. 2000. Tietz syndrome (hypopigmentation/deafness) caused by mutation of MITF. Journal of Medical Genetics, 37: 446-448.

Tietz W. 1963. A syndrome of deaf-mutism associated with albinism showing dominant autosomal inheritance. American Journal of Human Genetics, 15: 259-264.

Ye J, Fang L, Zheng H, et al. 2006. WEGO: a web tool for plotting GO annotations. Nucleic Acids Research, 34: W293-W297.

Yu B, Dong X, Gravina S, et al. 2017. Genome-wide, single-cell DNA methylomics reveals increased non-CpG methylation during human oocyte maturation. Stem Cell Reports, 9: 397.

Zhang S, Qin C, Cao G, et al. 2017. Genome-wide analysis of DNA methylation profiles in a senescence-accelerated mouse prone 8 brain using whole-genome bisulfite sequencing. Bioinformatics, 33: 1591-1595.

第5章 普通牛和瘤牛肝、脾组织中 microRNA 的鉴定及差异表达分析

5.1 材料与方法

5.1.1 实验材料

本实验所用的普通牛（*Bos taurus*）和瘤牛（*Bos indicus*）的肝、脾组织样品（每种组织 5 个生物学重复，共 20 个样品）采集于昆明市西福路屠宰场，所有家牛个体都是经国家相关部门检疫检测合格的健康家牛，而且每个个体屠宰前的生活环境和摄取饲料的类型相同。所有家牛样品在屠宰后 20min 内完成样品采集，取得的组织样品迅速剪碎收集于装有 RNAlater 的无菌采样管中并于 4℃过夜后置于−80℃超低温冰箱中保存备用。

5.1.2 实验方法

按照 Trizol 试剂的说明方法提取普通牛和瘤牛的肝、脾总 RNA，然后使用 NanoDrop 2000 对总 RNA 的浓度进行测定并用琼脂糖凝胶电泳检测总 RNA 质量，最后使用 Agilent 2100 进行总 RNA 完整度（RIN）测定，经检测，普通牛和瘤牛的肝、脾共 20 个样品所有指标都达到建库要求，其中 OD260/280 的值在 1.87～2.00、28S/18S 的值在 1.3～2.0、RIN 值在 8.3～9.5，达到 A 类标准，经检测合格后由上海欧易生物医学科技有限公司进行建库并上机测序，建库测序流程如图 5.1 所示。

5.1.3 数据分析

5.1.3.1 测序原始数据处理

本实验采用 Illumina HiSeq 2500 测序平台对样本进行高通量测序，测序完成后使用 Cutadapt 软件对原始 reads 中的接头序列进行去除并进行序列长度的过滤，去掉序列长度小于 15bp 及序列长度大于 41bp 的序列，然后使用 FASTX_Toolkit 软件对剩余序列进行 $Q20$ 质控，去除 reads 中 $Q20$ 百分比小于 80%的 reads 并保

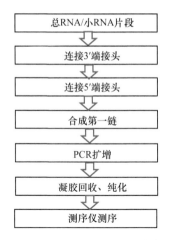

图 5.1　总 RNA/小 RNA 文库构建流程

留 $Q20$ 达到 80%及以上的序列，对剩余的 reads 使用 NGS QC Toolkit 软件过滤掉含有 N 碱基的 reads，最终得到高质量的 clean reads。接着对 clean reads 的长度进行统计，以初步评估样本中小 RNA 的分布情况，同时统计各样本中的 reads 种数（即 unique reads 的数量），根据家牛的参考基因组序列，将 clean reads 比对到家牛基因组并统计其比对上的百分比，然后再将 clean reads 与 Rfam 数据库进行比对，提取 E-value 小于等于 0.01 的结果并注释出 rRNA、核小 RNA（snRNA）、核仁小 RNA（snoRNA）、tRNA 等序列，将这些比对上 Rfam 数据库的序列进行过滤去除，再使用 Bowtie 软件将剩下的 clean reads 与家牛的转录本序列进行无错配比对并去除比对上的序列，然后使用 RepeatMasker 软件对剩下的序列与 repeat 数据库进行比对，鉴定可能的重复序列并过滤去除鉴定出的重复序列，剩下的序列可用于后续已知 miRNA（known miRNA）比对及新 miRNA（novel miRNA）的预测分析。

5.1.3.2　已知 miRNA 和新 miRNA 预测

对上一步过滤后剩下的 reads 使用 Bowtie 软件与 miRBase 中家牛所有的 miRNA 成熟体序列进行无错配比对，比对上的序列就可作为已知 miRNA，并以此为依据作为 miRNA 的表达量统计和 reads 分类注释汇总的统计，并进行后续的差异表达分析。已知 miRNA 比对鉴定完成后，对剩下的序列进行新 miRNA 预测，使用 miRDeep2 软件将剩下的序列同基因组序列进行比对，比对的前提是序列长度达到 18bp，对能够映射至基因组的序列再使用 RNAfold 软件进行二级结构预测，对于能够形成 miRNA 发夹结构的序列就可以认为是新的 miRNA 序列，提取预测出的新 miRNA 成熟序列及 star 序列并同时进行新 miRNA 定量分析。

5.1.3.3 差异表达 miRNA 统计分析

根据鉴定的已知和新预测 miRNA 的序列进行表达量统计，miRNA 表达量采用 TPM（transcript per million）计算度量指标，TPM=每条 miRNA 比对到的 reads 数目/样本总比对 reads 数目×10^6，然后使用 Fisher 精确检验方法计算出各 miRNA 的 P 值（P value）并筛选出 P 值≤0.05 且样本间 TPM 差异倍数≥2.0 的 miRNA（作为样本间差异表达的 miRNA），对筛选出的差异表达 miRNA 进行统计分析。

5.1.3.4 差异表达 miRNA 靶基因预测及功能富集通路分析

利用 miRanda、TargetScan 等软件对筛选出具有差异表达的 miRNA 进行靶基因预测，对预测到的靶基因进行统计并进行功能富集分析，功能富集分析是对全部基因/转录本和差异基因/转录本进行功能注释与归类，将全部基因/转录本作为背景列表，差异基因/转录本列表作为从背景列表中筛选出来的候选列表，利用超几何分布检验计算代表基因本体功能集在差异基因/转录本列表中是否显著富集的 P 值，根据 P 值≤0.05 筛选出显著富集的功能条目并统计，然后对统计结果中富集项三种分类中基因数目靠前的功能条目进行作图分析，这样可以很直观地看出这些候选靶基因显著富集到的生物学功能。通路分析是针对全基因/转录本和差异基因/转录本进行相关通路数据库中通路的功能注释与归类，靶基因通路功能富集分析与靶基因功能富集分析类似，同样取富集到的靠前的通路条目结果进行作图分析。

5.1.3.5 茎环法 RT-qPCR 验证测序结果中差异表达的 miRNA

1. 差异表达 miRNA 的选取和茎环法 RT-qPCR 引物的设计

根据测序结果选取了 7 个在家牛种间和组织间具有差异表达的 miRNA，采用 RT-qPCR 方法进行检测，根据此方法，每一条 miRNA 都有一条特定的茎环反转录引物和一条上游扩增引物及通用的下游引物，遵循所谓的"一对半"原则（高润石等，2012），一般情况下通用下游引物不用设计，因此只需设计上游引物和茎环反转录引物，其中反转录引物中有一段长度为 44nt 左右的序列，可以形成特定的茎环结构（这也是茎环法的由来），然后根据 miRNA 的序列在茎环的 3′端加上 6~8 个与被检测 miRNA 序列 3′端反向互补的碱基，即构成 miRNA 的反转录用茎环引物，最后再根据茎环序列和下游通用引物来设计上游引物，引物设计使用 Primer5.0 和 PrimerSelect 等软件完成，设计完成后交由生工生物工程（上海）有限公司进行引物合成。所选 miRNA 及其引物序列见表 5.1。

表 5.1　RT-qPCR 验证的 miRNA 及其引物序列

编号	miRNA 名称	引物序列（5′→3′）	碱基个数
2-RT		CTCAACTGGTGTCGTGGAGTCGGCAATTCAGTTGAGTCACATAG	44
2-F	bta-miRNA-135a	ACACTCCAGCTCAGTATGGCTTTTTATTCCTATGT	35
2-R		CTCAACTGGTGTCGTGGAGTCGGCAATTCAG	31
3-RT		CTCAACTGGTGTCGTGGAGTCGGCAATTCAGTTGAGAGGGATTC	44
3-F	AC_000169.1_14517	ACACTCCAGCTGGGGTCCAGTTTTCCCAGGA	31
3-R		CTCAACTGGTGTCGTGGAGTC	21
4-RT		GTCGTATCCAGTGCAGGGTCCGAGGTATTCGCACTGGATACGACTCCACA	50
4-F	bta-miR-194	GGTGTAACAGCAACTCCATGT	21
4-R		GAGCAGGGTCCGAGGT	16
5-RT		CTCAACTGGTGTCGTGGAGTCGGCAATTCAGTTGAGGGCTGTCA	44
5-F	bta-miR-192	GTGGCGGGCTGACCTATGAAT	21
5-R		TGGTGTCGTGGAGTCGGCAAT	21
6-RT		GTCGTATCCAGTGCAGGGTCCGAGGTATTCGCACTGGATACGACAACTCAG	51
6-F	bta-miR-451	CTGGAGAAACCGTTACCATTAC	22
6-R		GTGCAGGGTCCGAGGT	16
8-RT		CTCAACTGGTGTCGTGGAGTCGGCAATTCAGTTGAGACCCCTAT	44
8-F	bta-miR-155	ACACTCCAGCTGGGTTAATGCTAATTGTGAT	31
8-R		TGGTGTCGTGGAGTCG	16
9-RT		CTCAACTGGTGTCGTGGAGTCGGCAATTCAGTTGAGCACTGGTA	44
9-F	bta-miR-150	ACACTCCAGCTGGGTCTCCCAACCCTTGTA	30
9-R		TGGTGTCGTGGAGTCG	16
U6-F	U6	CGCTTCGGCAGCACATATAC	20
U6-R		TTCACGAATTTGCGTGTCAT	20

2. 普通牛和瘤牛肝、脾组织总 RNA 的提取

使用 Promega 公司的 Eastep Super 总 RNA 提取试剂盒(LS1040)提取总 RNA，具体操作步骤及方法如下。

1）从–80℃超低温冰箱中取出肝、脾样品冻存管并放入事先准备好的液氮中待用。

2）按照试剂盒说明书上的样品用量及对应试剂用量参考表，快速取适量的组织样品放入无核酸酶的 1.5mL EP 管中，加入适量 RNA 裂解液置于冰浴中，用高温灭菌的手术剪刀快速剪碎组织，然后用组织匀浆器或电动研磨棒迅速破碎细胞。

3）向上一步处理好的裂解物中加入适量 RNA 稀释液并用移液枪混匀，室温

放置 3～5min。

4）使用冷冻离心机 4℃最大离心速度离心 5min，快速取上清液到新的 1.5mL 无核酸酶的 EP 管中。

5）按上清液的量加入 0.5 倍体积的无水乙醇并用移液枪快速吹打多次混匀备用。

6）取相应数目的离心柱-收集管（试剂盒中提供）将上步的混合液转移到离心柱内，冷冻离心机 12 000～14 000g 离心 1min 并弃滤液，将离心柱重新放回收集管中。

7）向离心柱中加入 600μL RNA 洗液（已加入乙醇），冷冻离心机 12 000～14 000g 离心 45s，弃滤液。

8）事先按说明书配置新鲜的 DNA 酶Ⅰ孵育液，按每一管 RNA 提取液加入 50μL 的量加入 EP 管中并室温静置 15min。

9）向上一步中的 RNA 提取液中加入 600μL RNA 洗液并于冷冻离心机 12 000～14 000g 离心 45s，弃滤液。

10）重复上一步并使用冷冻离心机 12 000～14 000g 离心 2min。

11）将上一步的离心柱转移至洗脱管上（试剂盒中提供），在离心柱中央加入 50～200μL 无核酸酶水，室温静置 2min，冷冻离心机 12 000～14 000g 离心 1min（可重复一次），弃离心柱，保存滤液。

12）取上一步适量滤液使用 NanoDrop 2000 测定其浓度，并使用 1%的琼脂糖凝胶 110V、30min 电泳检测其质量，剩余的滤液保存于–80℃冰箱中。

3. RNA 反转录

1）首先将样品模板 RNA 从–80℃冰箱中取出并放在冰上解冻，然后将天根 FastQuant cDNA 第一链合成试剂盒（KR106）中的反转录试剂在室温下（15～25℃）解冻，解冻后涡旋振荡混匀并简短离心迅速置于冰上备用。

2）根据 NanoDrop 2000 测定的各样品总 RNA 浓度，取适量各样品总 RNA 液到灭菌的无核酸酶 EP 管中并加入无核酸酶水，将各样品总 RNA 浓度稀释至 200ng/μL 的备用 Total RNA 模板液（最终 5μL 的 Total RNA 为 1μg）。

3）基因组 DNA 反应体系 MixⅠ的配制，反应体系为 10μL。具体为 5×gDNA buffer，2μL；Total RNA，5μL；RNase-Free ddH$_2$O，3μL。将其彻底混匀并简短离心后于 PCR 仪上 42℃孵育 3min，然后置于冰上备用。

4）按照表 5.2 的反转录反应体系配制反转录混合液。

5）将配制的反转录混合液加到基因组去除步骤的反应液 MixⅠ中，充分混匀。

6）上面的反应体系充分混匀后，在 PCR 仪上完成最终的反转录反应，反应条件如表 5.3 所示。

表 5.2　反转录反应体系

试剂	使用量（μL）
10×Fast RT buffer	2.2
RT Mix 酶	1.1
RT 引物（10μmol/L）	0.2×11=2.2（11 个 miRNA 引物）
RNase-Free ddH$_2$O	4.5

注：11 个 miRNA RT 引物分别为 1-RT、2-RT、3-RT、4-RT、5-RT、6-RT、7-RT、8-RT、9-RT、10-RT、U6-R

表 5.3　反转录反应条件

温度（℃）	时间（min）
42	15
95	3

4. RT-qPCR 实验方法

1）按天根 Talent 荧光定量检测试剂盒（SYBR Green FP209）使用说明配制 qPCR 反应液，总体积 20uL，在冰上完成反应液配制，但注意试剂盒中的试剂不能使用振荡器进行混匀，可上下颠倒混匀，尽量避免出现泡沫，瞬时离心使用，注意避强光，配制体系如表 5.4 所示。

表 5.4　qPCR 反应液的配制体系

试剂	使用量（μL）
2×Talent qPCR PreMix（包含 SYBR Green Ⅰ）	10
正向引物（10μmol/L）	0.6
反向引物（10μmol/L）	0.6
50×Rox Reference Dye	0.4
RNase-Free ddH$_2$O	6.4
cDNA	2

2）配制完成后的 qPCR 反应液混匀瞬时离心后，根据事先布局分装到 96 孔板中（注意尽量不要产生气泡），每个检测样进行三次生物学重复即三个复孔，分装完成后贴膜密封并使用平板离心机 1500r/min 离心 2min，注意设置样品无模板对照（NTC，即阴性对照）。

3）采用两步法进行反应，反应程序参数如表 5.5 所示。

4）实验结束后，以实验中所用的 U6 基因作为内参，计算检测的 miRNA 相对表达量，计算公式为：miRNA 相对表达量= $2^{-\Delta Ct}$ [ΔCt=（Ct 目标miRNA−Ct$_{U6}$）]。

表 5.5 反应程序参数

温度（℃）	时间		
95	3min		
95	5s	}	40×
60	32s		

5.2 结果与分析

5.2.1 高通量测序数据结果

使用 Illumina HiSeq 2500 对构建的普通牛和瘤牛的小 RNA 文库进行高通量测序，测序完成后使用相关软件对原始数据进行质控并统计测序结果。结果表明，普通牛和瘤牛的肝、脾共计 20 个组织样，平均每个样品的 raw reads 达到 20MB 左右的 reads 量，经过进一步的 reads 长度过滤、Q20 质控和含 N 碱基片段过滤等筛选，最终 20 个组织样中得到的 clean reads 平均达到 19MB 左右的高质量 reads 占 raw reads 比例都达到 94%以上，远远大于一般小 RNA 测序要求的 clean reads 不小于 10MB 的要求，此外对 clean reads 中的重复序列进行去冗余得到 unique reads，统计结果见附表。

将各样本的 clean reads 分别与普通牛和瘤牛的参考基因组进行比对，结果显示，20 个家牛样本的 clean reads 比对上普通牛基因组的 reads 数占总 reads 数的比例为 82%～94%，平均百分比为 89%。同样的组织样本 clean reads 比对上瘤牛基因组的 reads 数占总 reads 数的比例为 80%～91%，平均百分比为 87%。因此，20 个家牛样本的 clean reads 比对上普通牛基因组的比例要高于瘤牛基因组的比例，这可能与普通牛基因组准确性更高有关。

对 clean reads 的长度分布进行统计有助于比较并处理不同的小 RNA，一般情况下样本 miRNA 的长度分布峰值在 21～25bp，动物样品只有一个峰值，一般为 22nt，在某些特殊情况下，如样本感染了病毒或进行了药物处理，会引起 clean reads 长度分布异常，因此样本的长度分布是一个很好的评估样本情况或评估样本的生物学状态的标准。

小 RNA 种类繁多，包括 miRNA、tRNA、rRNA、piRNA、snoRNA 等，因此还需将比对上家牛参考基因组的 clean reads 进行小 RNA 的分类注释并去除非 miRNA 的小 RNA。此外，clean reads 中还可能包含 mRNA 发生降解的片段，这也是必须去除的序列，将与基因组比对上的各样本的 clean reads 再与 Rfam 数据库进行比对。

5.2.2　已知 miRNA 和新 miRNA 的鉴定及分析

20 个家牛组织样品的 clean reads 经过质控和小 RNA 分类注释过滤后，将所有序列长度在 15～26bp 的 reads 序列和剩下序列首先与 miRBase（version 21.0）中收录的家牛的 793 个已知 miRNA 的成熟体序列进行无错配比对，能比对上的序列就鉴定为已知 miRNA。结果显示，从 20 个家牛组织样中鉴定到的已知 miRNA 个数为 376～450，其中瘤牛的脾和肝组织中鉴定到的已知 miRNA 个数少于普通牛的脾、肝组织中鉴定到的已知 miRNA 个数，瘤牛和普通牛的脾组织中鉴定到的已知 miRNA 个数高于瘤牛、普通牛的肝组织中鉴定到的已知 miRNA 个数，统计结果如图 5.2 所示。

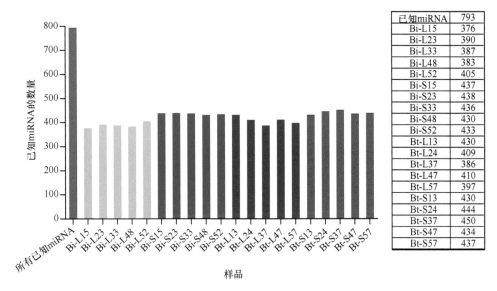

已知miRNA	793
Bi-L15	376
Bi-L23	390
Bi-L33	387
Bi-L48	383
Bi-L52	405
Bi-S15	437
Bi-S23	438
Bi-S33	436
Bi-S48	430
Bi-S52	433
Bt-L13	430
Bt-L24	409
Bt-L37	386
Bt-L47	410
Bt-L57	397
Bt-S13	430
Bt-S24	444
Bt-S37	450
Bt-S47	434
Bt-S57	437

图 5.2　瘤牛和普通牛的肝、脾组织中已知 miRNA 的鉴定统计

Bi-L. 瘤牛肝；Bi-S. 瘤牛脾；Bt-L. 普通牛肝；Bt-S. 普通牛脾

已知 miRNA 鉴定完成后，将剩下的 reads 序列进行新 miRNA 预测，新 miRNA 的预测使用 miRDeep2 软件和 RNAfold 软件进行，但前提是 reads 长度至少达到 18bp 并能形成 miRNA 典型的发夹二级结构，结果 20 个家牛组织中预测到的新 miRNA 个数为 554～832，其中瘤牛脾和肝组织中预测到的新 miRNA 个数同样少于普通牛脾、肝组织中预测到的新 miRNA 个数，瘤牛和普通牛的脾组织中预测到的新 miRNA 个数也同样高于瘤牛、普通牛的肝组织中预测到的新 miRNA 个数，统计结果如图 5.3 所示。

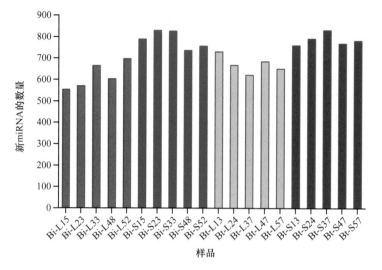

样品	新miRNA
Bi-L15	554
Bi-L23	570
Bi-L33	665
Bi-L48	603
Bi-L52	697
Bi-S15	789
Bi-S23	830
Bi-S33	827
Bi-S48	736
Bi-S52	756
Bt-L13	730
Bt-L24	668
Bt-L37	622
Bt-L47	685
Bt-L57	651
Bt-S13	761
Bt-S24	792
Bt-S37	832
Bt-S47	770
Bt-S57	783

图 5.3 瘤牛和普通牛的肝、脾组织中新 miRNA 的鉴定统计

Bi-L. 瘤牛肝；Bi-S. 瘤牛脾；Bt-L. 普通牛肝；Bt-S. 普通牛脾

5.2.3 各样本 miRNA 的表达分析

miRNA 表达水平的直接体现就是其丰度情况，miRNA 的丰度程度越高，其表达水平也越高，miRNA 表达水平的高低通过其序列的计数来评估。根据各样本鉴定到的已知 miRNA 和新 miRNA 进行表达量统计，miRNA 的表达量计算采用 TPM（transcript per million）来进行度量，各样本中每种 miRNA 表达量情况的统计结果可作为 miRNA 差异分析的基础。

通过对 20 个家牛样本中已知 miRNA 和新 miRNA 的表达量进行分析，结果显示，瘤牛肝和普通牛肝表达量前 20（top 20）的已知 miRNA 基本一致，只是排列顺序不同，其中表达量最高的已知 miRNA 都是 bta-miR-122，bta-miR-122 也是肝中特异性表达的 miRNA。瘤牛脾和普通牛脾表达量 top20 的已知 miRNA 也基本一致，同样只是排列顺序不同，其中表达量最高的都是 bta-miR-143，统计结果如表 5.6 所示。此外，通过与 miRBase 中收录的其他物种的 miRNA 进行同源比对发现，本实验鉴定到的已知 miRNA 中有 9 个是具有家牛特异性表达的 miRNA，分别是 bta-miR-2285c、bta-miR-2336、bta-miR-2440、bta-miR-3431、bta-miR-2478、bta-miR-2284w、bta-miR-6119-3p、bta-miR-2285t、bta-miR-2898，其中 bta-miR-2285c、bta-miR-2440 可能在瘤牛和普通牛之间具有物种特异性，bta-miR-2285c 可能是瘤牛特异性表达的 miRNA，bta-miR-2440 可能是普通牛特异表达的 miRNA。结果还发现，与家牛脾相比，bta-miR-122、bta-miR-192、bta-miR-194、bta-miR-200、bta-miR-885 在瘤牛和普通牛肝组织中的高表达具有组织特异性，而且

bta-miR-192、bta-miR-194 在肝中的特异性高表达在本实验中由 qPCR 实验进行了验证，验证结果见 qPCR 实验结果。

表 5.6　瘤牛和普通牛的肝、脾中表达量前 20 的已知 miRNA

瘤牛肝	瘤牛脾	普通牛肝	普通牛脾
bta-miR-122	bta-miR-143	bta-miR-122	bta-miR-143
bta-miR-26a	bta-miR-26a	bta-miR-26a	bta-miR-26a
bta-miR-148a	bta-miR-21-5p	bta-miR-192	bta-miR-21-5p
bta-miR-192	bta-miR-27b	bta-miR-148a	bta-miR-99a-5p
bta-miR-143	bta-miR-99a-5p	bta-miR-143	bta-miR-27b
bta-miR-30a-5p	bta-miR-145	bta-miR-30a-5p	bta-miR-191
bta-miR-99a-5p	bta-let-7a-5p	bta-miR-99a-5p	bta-let-7a-5p
bta-miR-21-5p	bta-miR-191	bta-miR-21-5p	bta-miR-145
bta-let-7a-5p	bta-let-7f	bta-miR-27b	bta-let-7f
bta-miR-27b	bta-let-7g	bta-let-7a-5p	bta-let-7g
bta-let-7f	bta-miR-30a-5p	bta-let-7f	bta-miR-30a-5p
bta-miR-100	bta-miR-30d	bta-miR-100	bta-miR-30d
bta-miR-191	bta-miR-146a	bta-miR-30e-5p	bta-miR-146a
bta-let-7g	bta-miR-30e-5p	bta-let-7g	bta-miR-148a
bta-miR-30e-5p	bta-miR-148a	bta-miR-191	bta-miR-30e-5p
bta-miR-30d	bta-miR-24-3p	bta-miR-30d	bta-miR-24-3p
bta-miR-194	bta-miR-100	bta-miR-194	bta-miR-100
bta-miR-26b	bta-miR-186	bta-miR-24-3p	bta-miR-10b
bta-miR-24-3p	bta-let-7i	bta-miR-125b	bta-miR-186
bta-let-7b	bta-let-7b	bta-miR-26b	bta-let-7b

对新 miRNA 表达量前 20 的 miRNA 分析发现，表达量 top20 的新 miRNA 与表达量 top20 的已知 miRNA 在瘤牛和普通牛的 20 个组织样中的表达情况非常相似，瘤牛肝与普通牛肝、瘤牛脾与普通牛脾表达量 top20 的新 miRNA 基本一致，也只是排列顺序不同，其中瘤牛和普通牛的肝中表达量最高的新 miRNA 是 AC_000181.1_27195*，瘤牛和普通牛的脾中表达量最高的新 miRNA 是 AC_000168.1_14386*，统计结果如表 5.7 所示，对新 miRNA 中表达量最高的新 miRNA 进行同源比对发现，瘤牛、普通牛的肝、脾中表达最高的 AC_000181.1_27195*和 AC_000168.1_14386*分别与人类的 hsa-miR-3591-3p 和 hsa-miR-126-3p 具有较高的同源性。

表 5.7 瘤牛和普通牛的肝、脾中表达量前 20 的新 miRNA

瘤牛肝	瘤牛脾	普通牛肝	普通牛脾
AC_000181.1_27195*	AC_000168.1_14386*	AC_000181.1_27195*	AC_000168.1_14386*
AC_000186.1_30434	AC_000179.1_25417*	AC_000168.1_14386*	AC_000179.1_25417*
AC_000168.1_14386*	AC_000169.1_14517	AC_000186.1_30434	AC_000175.1_21136
AC_000170.1_16134	AC_000175.1_21136	AC_000170.1_16134	AC_000169.1_14517
AC_000179.1_25417*	AC_000164.1_8490	AC_000179.1_25417*	AC_000170.1_16134
AC_000158.1_588	AC_000170.1_16134	AC_000175.1_21136	AC_000164.1_8490
AC_000175.1_21136	AC_000184.1_29034*	AC_000164.1_8490	AC_000172.1_17633
AC_000184.1_29034*	AC_000159.1_2870	AC_000158.1_588	AC_000168.1_14386
AC_000164.1_8490	AC_000172.1_17633	AC_000181.1_27195	AC_000168.1_14078
AC_000171.1_16623	AC_000168.1_14078	AC_000171.1_16623	AC_000184.1_29034*
AC_000181.1_27195	AC_000171.1_16623	AC_000168.1_14386	AC_000187.1_31580
AC_000168.1_14386	AC_000168.1_14386	AC_000169.1_14517	AC_000159.1_2762
AC_000162.1_5808*	AC_000187.1_31580	AC_000162.1_5808*	AC_000171.1_16623
AC_000159.1_2870	AC_000186.1_30434	AC_000187.1_31073	AC_000187.1_31403*
AC_000187.1_31073	AC_000159.1_2762	AC_000184.1_29034*	AC_000186.1_30434
AC_000169.1_14517	AC_000168.1_14134	AC_000177.1_23415	AC_000179.1_25420
AC_000178.1_24628	AC_000187.1_31403*	AC_000166.1_11704	AC_000181.1_27195*
AC_000177.1_23415	AC_000179.1_25420	AC_000168.1_14078	AC_000186.1_30303
AC_000168.1_14078	AC_000186.1_30303	AC_000178.1_24628	AC_000175.1_21151
AC_000166.1_11704	AC_000183.1_28523	AC_000187.1_31580	AC_000187.1_31402*

*表示 miRNA 前体两条链上与成熟 miRNA 相互补的那条链上产生的 RNA

5.2.4 已知 miRNA 和新 miRNA 的差异表达分析

本实验所用的 20 个样本取自 4 种组织,即瘤牛脾(G1)、瘤牛肝(G2)、普通牛脾(G3)、普通牛肝(G4),每种组织进行 5 个生物学重复,因此为了消除每组中由每个样本测序数据量不同而带来的差异,对每种组织 5 个生物学重复个体的 miRNA 表达量进行了标准化(normalization)处理,经过标准化处理后进行组与组之间 miRNA 的差异表达分析。分成对照组(control)和实验组(case),并选取组间 P 值≤0.05、fold change≥2.0 的 miRNA 作为差异表达 miRNA,各组间 miRNA 差异表达统计情况如表 5.8、表 5.9 所示。

表 5.8　瘤牛和普通牛的肝、脾中已知 miRNA 差异表达统计

对照组	实验组	差异表达上调 miRNA	差异表达下调 miRNA	共计差异表达 miRNA
普通牛脾 （G3）	瘤牛脾 （G1）	6	11	17
普通牛肝 （G4）	瘤牛肝 （G2）	4	9	13

表 5.9　瘤牛和普通牛的肝、脾中新 miRNA 差异表达统计

对照组	实验组	差异表达上调 miRNA	差异表达下调 miRNA	共计差异表达 miRNA
普通牛脾 （G3）	瘤牛脾 （G1）	10	3	13
普通牛肝 （G4）	瘤牛肝 （G2）	10	3	13

在 G3 vs G1 与 G4 vs G2 间差异表达的 miRNA 可认为是瘤牛和普通牛之间有种间差异表达的 miRNA。此外，对家牛种间差异表达的 miRNA 取交集作维恩图，结果 G3 vs G1 和 G4 vs G2 种间差异表达的已知 miRNA 与新 miRNA 相同的个数分别为 5 个和 9 个，如图 5.4 所示。

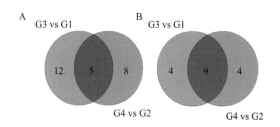

图 5.4　瘤牛和普通牛种间差异表达的已知 miRNA（A）和新 miRNA（B）维恩图

通过对家牛种间（G3 vs G1 和 G4 vs G2）差异表达的新 miRNA 进行同源比对分析，结果发现，G3 vs G1 存在 13 个差异表达的新 miRNA，G4 vs G2 间存在 13 个差异表达的新 miRNA，只有少部分新 miRNA 与家牛、人类、山羊相应的 miRNA 具有相似性，而多数新 miRNA 与家牛 miR-2284 和 miR-2285 家族成员具有较高的相似性，它们与 miR-2284 和 miR-2285 家族成员的序列差异通常只有 2 或 3 个碱基。

5.2.5　差异表达已知 miRNA 的靶基因预测

使用 TargetScan、miRanda、RNA22 等软件对各组差异表达的已知 miRNA 进行靶基因预测并取交集作为最终的靶基因。结果在 G3 vs G1 间 17 个差异表达的已知 miRNA 中共预测到 3125 个靶基因，其中 3103 个靶基因能在相应的数据库中被识别。在 G4 vs G2 间 13 个差异表达的已知 miRNA 中共预测到 1954 个靶基因，其中 1938 个靶基因能在相应的数据库中被识别。同时对 G3 vs G1 和 G4 vs G2 具有种间关系的所有能在数据库中识别的靶基因取交集，结果显示，在 G3 vs G1 和 G4 vs G2 间共有 1034 个相同的靶基因，如图 5.5 所示。

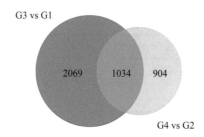

图 5.5　瘤牛和普通牛间差异表达的已知 miRNA 预测到的靶基因维恩图

5.2.6　差异表达已知 miRNA 靶基因的功能富集分析

为进一步揭示各组间差异表达的已知 miRNA 靶基因的相关功能，对各组差异表达的已知 miRNA 靶基因进行了功能富集分析，结果显示了 G3 vs G1 间差异表达的已知 miRNA 靶基因的功能富集：各项富集结果取 P 值＜0.05、$-\log_{10}$（P 值）＞1.3，结果 G3 vs G1 间靶基因在细胞组分中富集到的最高的条目是细胞核（nucleus），占靶基因总数的 44.5%（图 5.6）。分子功能中富集到最高的是转录因子活性（transcription factor activity）（图 5.7）。在生物学过程中富集到的最高的条目是信号转导（图 5.8）。在生物学通路中富集到的通路分别是：上皮生长因子受体信号网络、beta1 整合素细胞表面相互作用、内皮素、神经钙黏素信号机制、上皮细胞钙黏素信号初期的附着连接、上皮细胞钙黏素附着连接的稳定性和扩增、血管内皮生长因子和受体信号网络、蛋白酶激活受体 1 介导的凝血酶信号机制、磷脂酰肌醇聚糖通路、凝血酶/蛋白酶激活受体信号通路、胰岛素通路、mTOR 信号通路、γ 干扰素通路（IFN-γ）、IL5 介导的信号机制、IL3 介导的信号机制通路（图 5.9）。其中 G3 vs G1 间 17 个差异表达的已知 miRNA 有 16 个 miRNA 的靶基因富集到胰岛素通路、mTOR 信号通路、γ 干扰素通路、IL5 介导的信号机制、IL3 介导的信号机制通路等与家牛代谢和免疫相关的通路中，只有 bta-miR-2285c 的靶基因不涉及以上通路，分析结果见图 5.10。

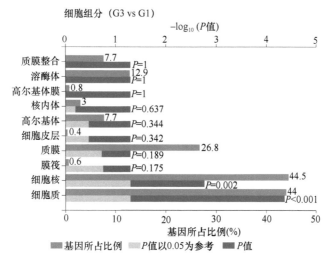

图 5.6　G3 vs G1 间差异表达的已知 miRNA 靶基因富集到的细胞组分

P 值以 0.05 为参考（即 P 值只有小于等于 0.05 才有统计学意义）

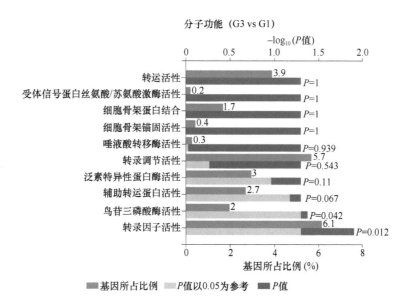

图 5.7　G3 vs G1 间差异表达的已知 miRNA 靶基因富集到的分子功能

P 值以 0.05 为参考（即 P 值只有小于等于 0.05 才有统计学意义）

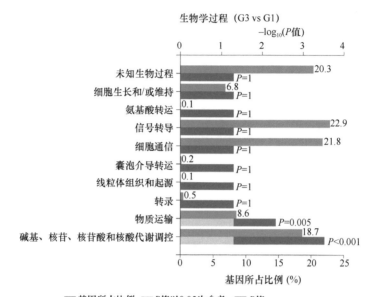

图 5.8　G3 vs G1 间差异表达的已知 miRNA 靶基因富集到的生物学过程

P 值以 0.05 为参考（即 *P* 值只有小于等于 0.05 才有统计学意义）

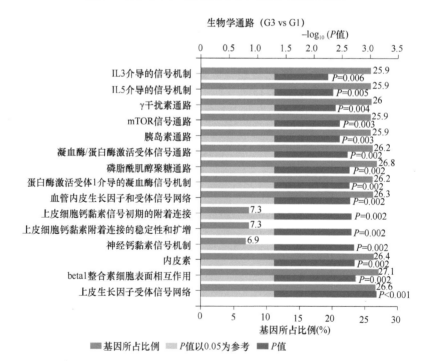

图 5.9　G3 vs G1 间差异表达的已知 miRNA 靶基因富集到的生物学通路

P 值以 0.05 为参考（即 *P* 值只有小于等于 0.05 才有统计学意义）

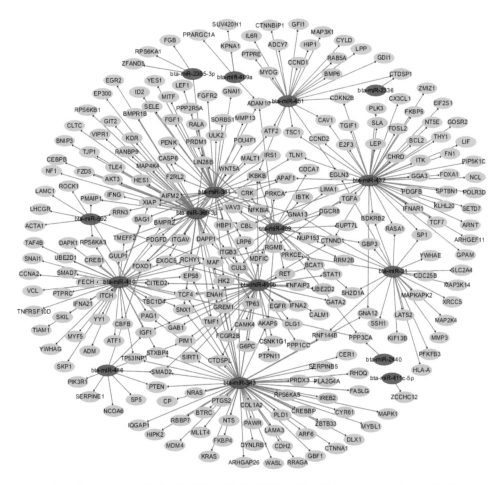

图 5.10　G3 vs G1 间免疫和代谢相关的靶基因与差异表达已知 miRNA 的网络图

　　G4 vs G2 间差异表达的已知 miRNA 靶基因的功能富集：各项富集结果取 P 值<0.05、$-\log_{10}$（P 值）>1.3，结果 G4 vs G2 间靶基因在细胞组分中富集到的最高的是细胞核，占所有靶基因数的 46.7%（图 5.11）。分子功能中富集到的最高的条目是转录因子活性（图 5.12）。在生物学过程中富集到最高的条目是碱基、核苷、核苷酸和核酸代谢调控（图 5.13）。在生物学通路中富集到的条目分别是血管内皮生长因子及其受体信号网络、血管内皮生长因子受体 1 和受体 2 介导的信号机制、蛋白酶激活受体 1 介导的凝血酶信号机制、肝激酶 B1 信号机制、凝血酶/蛋白酶激活受体通路、血小板衍生生长因子受体信号网络、1-磷酸鞘氨醇通路、表皮生长因子受体信号网络、α9β1 整合素信号机制、内皮素、IL3 介导的信号机制、γ 干扰素通路、胰岛素通路、类型 I PI3K 信号机制、mTOR 信号通路、Akt 介导的类型 I PI3K 信号机制（图 5.14）。此外，在 G4 vs G2 间 13 个差异表达的已知 miRNA 中除了 bta-miR-2285c，其他 12 个 miRNA 的靶基因富集到 IL3 介导的信号机制、γ 干扰素通路、胰岛素通路、类型 I PI3K 信号机制、mTOR 信号通路、Akt 介导的类型 I PI3K 信号机制等与家牛代谢和免疫有关的通路中（图 5.15）。

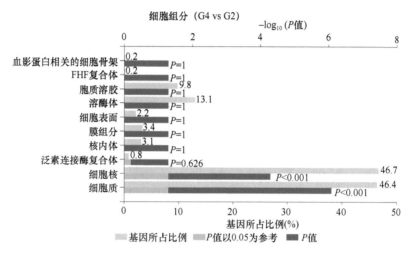

图 5.11　G4 vs G2 间差异表达的已知 miRNA 靶基因富集到的细胞组分

P 值以 0.05 为参考（即 P 值只有小于等于 0.05 才有统计学意义）

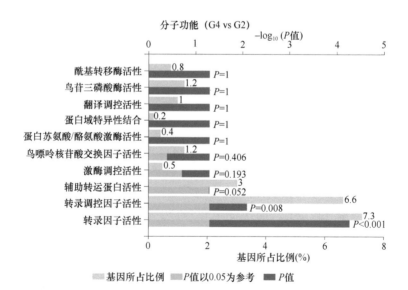

图 5.12　G4 vs G2 间差异表达的已知 miRNA 靶基因富集到的分子功能

P 值以 0.05 为参考（即 P 值只有小于等于 0.05 才有统计学意义）

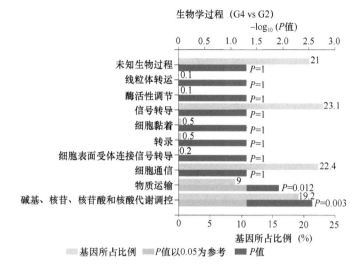

图 5.13　G4 vs G2 间差异表达的已知 miRNA 靶基因富集到的生物学过程

P 值以 0.05 为参考（即 *P* 值只有小于等于 0.05 才有统计学意义）

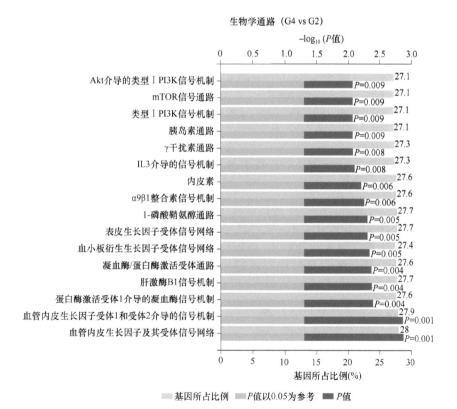

图 5.14　G4 vs G2 间差异表达的已知 miRNA 靶基因富集到的生物学通路

P 值以 0.05 为参考（即 *P* 值只有小于等于 0.05 才有统计学意义）

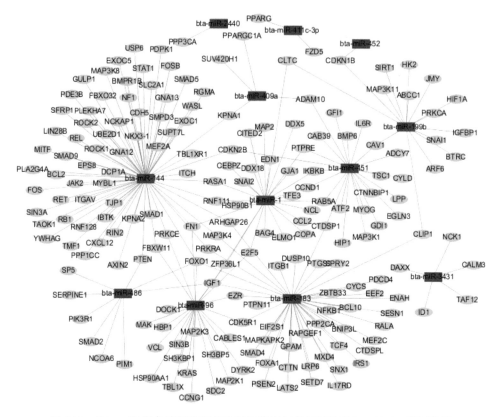

图 5.15　G4 vs G2 间免疫和代谢相关的靶基因与差异表达已知 miRNA 的网络图

5.2.7　RT-qPCR 验证 miRNA 的表达分析

对 miRNA 高通量测序结果进行验证是 miRNA 测序研究所必需的，因此，根据本次高通量测序 miRNA 的表达 reads 数和 miRNA 差异表达结果，我们选取了 7 个 miRNA 在 4 个家牛个体的 8 个组织样本中进行了 RT-qPCR 验证，这 7 个 miRNA 的表达具有组织间和种间差异，分别是 bta-miR-135a、bta-miR-194、bta-miR-192、bta-miR-451、bta-miR-155、bta-miR-150 和 AC_000169.1_14517（新预测 miRNA），8 个家牛组织样本分别是 13 号普通牛、24 号普通牛、23 号瘤牛、52 号瘤牛的肝和脾。通过对选取的 7 个差异表达的 miRNA 的 RT-qPCR 实验结果及其测序 reads 数统计结果进行比对分析，结果发现，7 个差异表达的 miRNA 的 RT-qPCR 的验证结果与它们的测序结果基本一致，证明了本次高通量测序结果的可靠性，结果如图 5.16 所示。

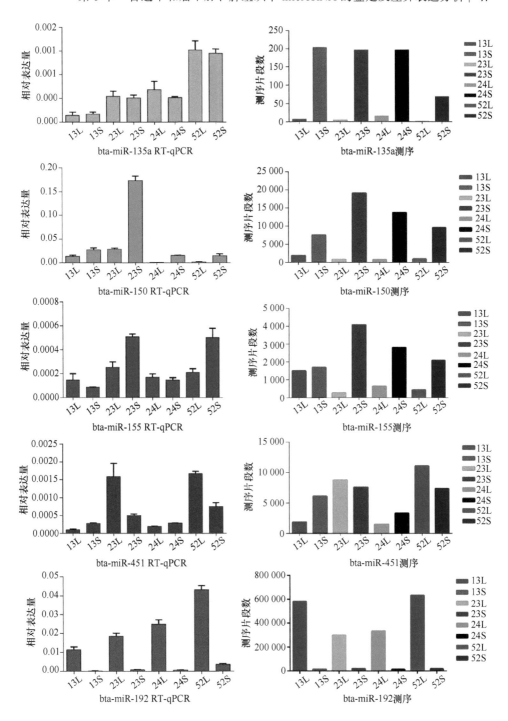

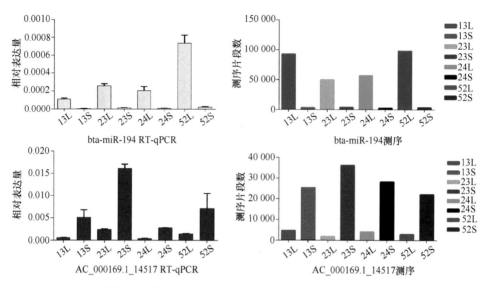

图 5.16 验证 miRNA 的 RT-qPCR 实验结果和测序结果

5.3 讨 论

本实验应用高通量测序技术对在普通牛和瘤牛的免疫与代谢中具有重要作用的两个内脏器官——脾和肝进行了 miRNA 高通量测序，之所以选择脾组织和肝组织作为实验材料，是因为脾作为哺乳动物最大的次级淋巴器官 [包含机体四分之一的淋巴细胞（Cesta, 2006），作为机体主要的血液过滤器]，在病原体的感染和发病机制中起着重要的作用，在家禽和哺乳动物的免疫功能中也起着关键的作用，其作用是通过血液过滤生物机体中的病原体抗原并加以识别从而介导免疫应答反应和免除机体过多的炎症（Huang et al., 2015; Li et al., 2017），它是血源性抗原和病原体在体内的主要过滤器，也是对血小板储存、红细胞内稳态和铁代谢有重要作用的器官（Li et al., 2015）。而肝在家牛的新陈代谢过程中发挥着重要作用（Takata et al., 2013），糖异生、糖酵解、糖原的生成、调节血糖水平等生理过程基本都是在肝中进行的，反刍动物的肝产生机体大概 85%的葡萄糖，肝是哺乳动物新陈代谢的中心控制器官，也是动物耗氧的主要驱动器官。Zarek 等（2017）对家牛肝的研究表明，免疫反应在家牛饲料的转移效率过程中起着重要作用，饲料转移效率低的家牛，其肝的炎症反应较弱，病原微生物容易侵入而使其免疫反应增强，而这些症状在饲料转移效率高的家牛中是不存在的，因此家牛的免疫能力与其肝的代谢效率有关。Li 等（2015）通过对草料喂养的家牛和谷物喂养的家牛的脾进行研究发现，饲料中蛋白质含量的高低不仅会影响家牛免疫基因的表达，还会改变其免疫系统功能，谷物喂养的家牛与草料喂养的家牛相比具有更高的健康风险压力，不同的喂养方式会影响脾的相关功能，可见家牛的营养代谢与家牛的免疫功能关系密切，因此，对家牛的脾和肝进行研究，可揭示其代谢与免疫之间的重要关系，这同时也是本研究课题选用家牛脾组织和肝组织进行实验的依据。

本实验普通牛肝和瘤牛肝组织样中已知 miRNA 表达量较高的前 5 个 miRNA分别是 bta-miR-122、bta-miR-26a、bta-miR-148a、bta-miR-192、bta-miR-143，普通牛和瘤牛脾组织中已知 miRNA 表达量较高的前 5 个 miRNA 分别是bta-miR-143、bta-miR-26a、bta-miR-21-5p、bta-miR-27b、bta-miR-99a-5p。以上研究结果与 Al-Husseini 等（2016）的研究结果不一致，在他们的研究中家牛肝中表达量较高的前 5 个 miRNA 分别是 bta-miR-143、bta-miR-30、bta-miR-122、bta-miR-378、bta-let-7，其中表达量最丰富的是 bta-miR-143，而 bta-miR-122 是第三丰富的 miRNA。例如，Szabo 和 Bala（2013）在其综述中表明 miR-122 是肝中最丰富的 miRNA。Takata 等（2013）也表明 miR-122（作为肝特异性 miRNA）占肝中所有 miRNA 的 70%左右，而肝中 miR-143 不是最多的 miRNA，它与肥胖导致的糖尿病有关。此外，Wang 等（2012）的研究表明肝中存在的 let-7、miR-122、miR-26 与肝癌疾病密切相关。

对本实验各组间所有差异表达的新 miRNA 进行同源比对分析，结果发现，G3 vs G1 间和 G4 vs G2 间差异表达的新 miRNA 多数与家牛的 miR-2284 及miR-2285 家族成员具有较高的相似性，它们之间的序列差异通常只有 2 或 3 个碱基，而家牛 miR-2284 和 miR-2285 家族是家牛特异性表达的 miRNA，这与 Lawless等（2013，2014）的观点一致，即将 bta-miR-2284、bta-miR-2285 家族与人类和小鼠进行同源比对，没有发现同源性的 miRNA，而且 bta-miR-2284 和 bta-miR-2285家族的 miRNA 常在家牛免疫相关的组织中表达，如 CD14+单核细胞、乳腺上皮细胞、肺泡巨噬细胞等，但 bta-miR-2284 和 bta-miR-2285 家族的 miRNA 的功能还不清楚，有待进一步研究。

我们对本实验组间差异表达的已知 miRNA 进行靶基因预测并进行了功能富集分析，结果 G3 vs G1 和 G4 vs G2 间差异表达的已知 miRNA 靶基因富集到的生物学通路前 10 项大多与癌症的侵染、形成和转移有关，同时 G3 vs G1 间靶基因也富集到胰岛素通路（insulin pathway）、mTOR 信号通路、IFN-γ 通路、IL5 介导的信号机制、IL3 介导的信号机制等与免疫和代谢有关的信号通路上，G4 vs G2间富集到肝激酶 B1 信号机制、1-磷酸鞘氨醇通路、IL3 介导的信号机制、IFN-γ通路、胰岛素通路、PI3K 信号机制、mTOR 信号通路、Akt 介导的 PI3K 信号机制等与代谢和免疫有关的通路上。研究表明，IFN-γ 通路对于生物机体的免疫防御是至关重要的，IFN-γ 是一种重要的细胞因子，在机体先天免疫和适应性免疫反应中具有关键的作用，IFN-γ 通路在人类及其他哺乳动物宿主抵抗诸如病毒、细菌、寄生虫病等病原体的过程中起着核心作用，它是主要的巨噬细胞激活因子之一，哺乳动物在对细菌等病原体感染的免疫过程中，一般依赖于细胞介导的免疫，其中最主要的效应分子是由 IFN-γ 激活的巨噬细胞，同时 IFN-γ 可增强 MHC-Ⅰ和 MHC-Ⅱ蛋白的表达，而 MHC-Ⅰ和 MHC-Ⅱ可增强抗原呈递细胞对抗原的呈递作用、激活单核吞噬细胞、影响 IgG 免疫球蛋白重链的闭合、介导诸如 IL-12 细胞因子与肿瘤坏死因子的产生及 1 型辅助性 T 细胞的发育等过程。IFN-γ 主要由 T 细胞和自然杀死细胞（NK 细胞）在应对各种炎症与免疫刺激进行免疫应答时产生，在小鼠中 IFN-γ 及其受体 IFN-γ R 遭到破坏之后，会增加小鼠对利什曼虫、李斯特菌病、分枝杆菌及某些病毒的易感性，研究还表明 IFN-γ 和 IL-12 通路缺陷的人类对于结核病的易感性增强，IFN-γ 通路在人类宿主抵抗很多病毒和细胞内病原体的感染过程中具有重要作用（Dorman and Holland，2000；Lammas et al.，2000；Manry et al.，2011）。

研究表明，胰岛素通路介导胰岛素的生理功能，其基本步骤包括胰岛素与胰岛素受体（insulin receptor，IR）结合、IR 自身磷酸化、引起胰岛素受体底物（insulin receptor substrate，IRS）磷酸化。磷酸化的 IRS 与肌醇磷脂-3 激酶（PI3K）的 p85 亚基结合，刺激 p110 亚基的催化活性，激活 Akt 通路，进而执行胰岛素的生理功能，2 型糖尿病的根本原因是胰岛素信号通路障碍，导致胰岛素敏感性降低。PI3K 在机体的病理和生理条件下起着关键的作用，如代谢调控、免疫应答和癌症发生，依赖于 PDK-1-Akt 的 PI3K 信号通路介导加强胰岛素的分泌，Akt 抑制剂也可提高由葡萄糖诱导的胰岛素的分泌，PI3K-PDK1-Akt 通路在胰岛素的分泌过程中具有重要作用。Akt 与家牛胰岛素通路密切相关，可通过影响胰岛素刺激机体对葡萄糖的摄取，此外在生物体遭受病原体感染时免疫系统中的 Toll 信号会抑制胰岛素信号，通过调控胰岛素信号通路使营养和生长下降从而抵抗病原体的感染，胰岛素信号通路与先天免疫系统相互作用，先天免疫信号会抑制胰岛素信号，因此胰岛素与生物体的抗病性密切相关（DiAngelo et al.，2009；Aoyagi et al.，2012；Du et al.，2018；Rico et al.，2018；Roth et al.，2018）。

mTOR 是一种非典型的丝氨酸/苏氨酸激酶，涉及调控哺乳动物的生长和内稳态及主要的细胞功能，包括细胞的生长、细胞增殖和细胞代谢，并与哺乳动物许多的病理状态有关，包括癌症、肥胖、2 型糖尿病和神经退行性疾病，mTOR 信号通路的反常是癌症病变过程中最常见的病理现象，致癌 mTOR 信号通路的激活有助于癌细胞的生长、扩增和存活，mTOR 在细胞和生物体层面起着核心作用，可感知环境状况和调控几乎所有的代谢过程，也可促进蛋白质合成，与脂质、核酸和糖代谢有关，并介导很多生长因子的信号通路。很多研究表明，mTOR 信号的调控对于肝中葡萄糖的内稳态至关重要，近来的研究也发现，mTOR 对于 T 细胞的激活和扩展、免疫微环境信号的激活等都具有促进作用，mTOR 可以激活免疫细胞、影响 T 细胞的成熟，总之 mTOR 信号在免疫系统中的作用非常复杂，目前临床上使用 mTOR 抑制剂进行免疫抑制和癌症的治疗（Laplante and Sabatini，2012；Xu et al.，2014；Saxton and Sabatini，2017）。

对于蜱虫的感染，多种动物宿主包括小鼠、豚鼠、家兔、牛等在蜱虫叮咬后都会对蜱虫形成一定的抵抗力，其中嗜碱性粒细胞对于宿主对蜱虫的抵抗力具有重要作用，经研究表明，动物皮肤中 CD4+记忆 T 细胞在机体免疫抵抗蜱虫感染的过程中起着至关重要的作用，在蜱虫再次感染动物时 CD4+记忆 T 细胞通过产生白细胞介素-3（IL-3）诱导嗜碱性粒细胞聚集在蜱虫再次叮咬的位置而起到抵抗蜱虫的作用，IL-3 诱导组织中嗜碱性粒细胞渗入并黏附到内皮而发挥免疫抵抗作用，家养动物在抵抗寄生虫侵染的过程中能刺激机体产生助 T 细胞因子（IL-4、IL-5、IL-6、IL-10）免疫抵抗寄生虫的感染，IL-5 和 IL-6 是两种重要的细胞因子，在寄生虫感染的过程中对于宿主的免疫作用也非常重要，此外，动物皮肤中 CD4+记忆 T 细胞还可以通过促进不同的细胞因子来免疫抵抗不同的寄生生物，研究表明，分属于获得性免疫和先天免疫系统的 T 细胞与嗜碱性粒细胞可共同免疫抵抗由蜱虫导致的严重传染性疾病（Estrada-Reyes et al.，2015；Ohta et al.，2017）。

参 考 文 献

高润石, 王红, 高艾. 2012. 茎环法与加 PolyA 尾法 PCR 在检测 microRNA 时引物设计的策略. 毒理学杂志, 26: 378-381.

Aoyagi K, Ohara-Imaizumi M, Nishiwaki C, et al. 2012. Acute inhibition of PI3K-PDK1-Akt pathway potentiates insulin secretion through upregulation of newcomer granule fusions in pancreatic beta-cells. PLoS One, 7: e47381.

Al-Husseini W, Chen Y Z, Gondro C, et al. 2016. Characterization and profiling of liver microRNAs by RNA-sequencing in cattle divergently selected for residual feed intake. Asian-Australasian Journal of Animal Sciences, 29: 1371-1382.

Cesta M F. 2006. Normal structure, function, and histology of the spleen. Toxicologic Pathology, 34: 455-465.

DiAngelo J R, Bland M L, Bambina S, et al. 2009. The immune response attenuates growth and nutrient storage in *Drosophila* by reducing insulin signaling. Proceedings of the National Academy of Sciences of the United States of America, 106: 20853-20858.

Dorman S E, Holland S M. 2000. Interferon-gamma and interleukin-12 pathway defects and human disease. Cytokine & Growth Factor Reviews, 11: 321-333.

Du X, Li X, Chen L, et al. 2018. Hepatic miR-125b inhibits insulin signaling pathway by targeting PIK3CD. Journal of Cellular Physiology, 233: 6052-6066.

Estrada-Reyes Z M, López-Reyes A G, Lagunas-Martinez A, et al. 2015. Relative expression analysis of *IL-5* and *IL-6* genes in tropical sheep breed Pelibuey infected with *Haemonchus contortus*. Parasite Immunology, 37: 446-452.

Huang L, Ma J, Sun Y, et al. 2015. Altered splenic miRNA expression profile in H1N1 swine influenza. Archives of Virology, 160: 979-985.

Lammas D A, Casanova J L, Kumararatne D S. 2000. Clinical consequences of defects in the IL-12-dependent interferon-gamma (IFN-gamma) pathway. Clinical & Experimental Immunology, 121: 417-425.

Laplante M, Sabatini D M. 2012. mTOR signaling in growth control and disease. Cell, 149: 274-293.

Lawless N, Foroushani A B, McCabe M S, et al. 2013. Next generation sequencing reveals the expression of a unique miRNA profile in response to a gram-positive bacterial infection. PLoS One, 8: e57543.

Lawless N, Vegh P, O'Farrelly C, et al. 2014. The role of microRNAs in bovine infection and immunity. Frontiers in Immunology, 5: 611.

Li P, Fan W, Li Q, et al. 2017. Splenic microRNA expression profiles and integration analyses involved in host responses to *Salmonella enteritidis* infection in chickens. Frontiers in Cellular and Infection Microbiology, 7: 377.

Li Y, Carrillo J A, Ding Y, et al. 2015. Transcriptomic profiling of spleen in grass-fed and grain-fed Angus cattle. PLoS One, 10: e0135670.

Manry J, Laval G, Patin E, et al. 2011. Evolutionary genetics evidence of an essential, nonredundant role of the IFN-gamma pathway in protective immunity. Human Mutation, 32: 633-642.

Ohta T, Yoshikawa S, Tabakawa Y, et al. 2017. Skin CD4(+) memory T cells play an essential role in acquired anti-tick immunity through interleukin-3-mediated basophil recruitment to tick-feeding sites. Frontiers in Immunology, 8: 1348.

Rico J E, Myers W A, Laub D J, et al. 2018. Hot topic: Ceramide inhibits insulin sensitivity in primary bovine adipocytes. Journal of Dairy Science, 101: 3428-3432.

Roth S W, Bitterman M D, Birnbaum M J, et al. 2018. Innate immune signaling in *Drosophila* blocks insulin signaling by uncoupling PI(3, 4, 5) P3 production and akt Activation. Cell Reports, 22: 2550-2556.

Saxton R A, Sabatini D M. 2017. mTOR signaling in growth, metabolism, and disease. Cell, 168: 960-976.

Szabo G, Bala S. 2013. MicroRNAs in liver disease. Nature Reviews Gastroenterology & Hepatology, 10: 542-552.

Takata A, Otsuka M, Yoshikawa T, et al. 2013. MicroRNAs and liver function. Minerva Gastroenterol Dietol, 59: 187-203.

Wang X W, Heegaard N H, Orum H. 2012. MicroRNAs in liver disease. Gastroenterology, 142: 1431-1443.

Xu K, Liu P, Wei W. 2014. mTOR signaling in tumorigenesis. Biochimica Biophysica Acta, 1846: 638-654.

Zarek C M, Lindholm-Perry A K, Kuehn L A, et al. 2017. Differential expression of genes related to gain and intake in the liver of beef cattle. BMC Research Notes, 10: 1.

第6章　普通牛和瘤牛肝、脾组织的
比较蛋白质组学研究

6.1　材料与方法

6.1.1　实验材料

　　遵照《昆明市牛羊屠宰管理办法》，在云南省昆明市西山区西福路屠宰场首先标记好普通牛及瘤牛后，屠宰时采集本研究所需的肝、脾组织，置于液氮中保存运回实验室，然后置于–80℃冰箱中保存备用。为了降低实验过程中的个体差异，实验分别对普通牛和瘤牛的肝、脾样品设置3组生物学重复，iTRAQ标记时将普通牛和瘤牛的肝、脾分别混合为一组进行iTRAQ试剂盒标记并进行实验。

6.1.2　实验方法

　　本研究基于iTRAQ技术的蛋白质组学实验流程如图6.1所示。

图6.1　基于iTRAQ技术的蛋白质组学实验流程
LC-MS/MS即液相色谱-串联质谱

1. 蛋白质提取

1）从–80℃冰箱中取出适量所需的普通牛和瘤牛肝、脾组织样品，加入蛋白裂解液（8mol/L 尿素和 1% SDS，1∶15）及适量的蛋白酶抑制剂。

2）用高通量组织研磨仪振荡破碎。

3）放至冰上裂解 30min。

4）4℃，14 000g 条件下离心 25min。

5）取上清，用 BCA 法定量和进行 SDS 聚丙烯酰胺凝胶电泳（SDS-PAGE）。

2. 还原烷基化和酶解

1）取蛋白质样品 100μg，用裂解液补充体积到 100μL。

2）加入终浓度为 10mmol/L 的 TCEP（一种还原剂），在 37℃下反应 60min。

3）加入终浓度为 40mmol/L 的碘乙酰胺（iodoacetamide），室温下避光反应 40min。

4）每管各加入预冷的丙酮（丙酮∶样品体积比=6∶1），–20℃条件下沉淀 4h。

5）10 000g 离心 20min，取沉淀。

6）用 100μL 100mmol/L 四乙基溴化铵（TEAB）充分溶解样品。

7）按照质量比 1∶50（酶∶蛋白质）加入胰蛋白酶（trypsin）在 37℃条件下酶解过夜。

3. iTRAQ 标记

1）胰蛋白酶消化后，使用真空泵将肽段抽干；加入 0.4mol/L TEAB 复溶肽段。

2）从–20℃冰箱中取出 iTRAQ 试剂（AB Sciex 货号 4390812），待恢复到室温后进行离心，使管内 iTRAQ 试剂置于管底，每管 iTRAQ 试剂中加入 150μL 异丙醇，涡旋离心，每 100μg 的多肽需要加入一管 iTRAQ 试剂，混匀后在室温下孵育 2h。使用 iTRAQ 的 8 种同位素标记试剂对肝和脾样品进行标记，其中 113、114、115 分别标记瘤牛的脾、肝，116、117、118 分别标记普通牛的脾、肝。

3）加入 50μL 超纯水进行终止反应，继续在室温下放置 30min。

4）用一个新管将每组中的等量标记产物混合在一起，用真空浓缩仪抽干。

4. 高 pH 反相色谱第一维分离

1）多肽样品用超高效液相色谱法（UPLC）上样缓冲液复溶后，用反相 C18 柱［ACQUITY UPLC BEH C18 column，1.7μm，2.1mm × 150mm（Waters 公司，USA）］利用色谱仪器（Waters ACQUITY UPLC）进行高 pH 液相［A 相：2%乙腈（氨水调至 pH 10）；B 相：80%乙腈（氨水调至 pH 10）］分离。紫外检测波长为 214nm，流速为 200μL/min。UPLC 梯度详见表 6.1。

表 6.1　UPLC 梯度

时间（min）	B 相的质量分数（%）
0	0
2	0
17	3.8
44	30
48	36
49	43
55	100
56	0
76	停止

2）进行分馏，以降低样品的复杂度。根据峰型和时间共收取 30 个馏分，然后合并成 15 个馏分，真空离心浓缩（rotation vacuum concentration，Christ RVC 2-25，Christ，Germany）后用质谱上样缓冲液进行溶解，然后开始第二维分析。

5. 液相串联质谱

数据采集软件：Thermo Xcalibur 4.0（Thermo，USA）

反相柱信息：C18 column（75μm × 25cm，Thermo，USA）

色谱仪器：EASY-nLC 1200

质谱仪器：Q-Exactive（Thermo，USA）

色谱分离时间：90min

A 相：2%乙腈和 0.1%甲酸

B 相：80%乙腈和 0.1%甲酸

流速：300nL/min

MS 扫描范围（m/z）350～1300，采集模式 DDA。

Top 20：选择母离子中信号最强的 20 个进行二级碎裂。

一级质谱分辨率 70 000，碎裂方式 HCD。

二级质谱分辨率 17 500，动态排除时间 18s。

EASY-nLC 液相梯度见表 6.2。

6.1.3　数据分析

6.1.3.1　蛋白质鉴定及差异蛋白筛选

使用软件 Proteome Discoverer™ Software v2.1 进行查库，将原始文件提交至 Proteome Discoverer 服务器，采用 UniProt 数据库 http://www.uniprot.org/proteomes

表 6.2 EASY-nLC 1200 液相梯度

时间（min）	B 相的质量分数（%）
0	0
1	5
41	23
51	29
59	100
65	100
90	停止

/UP000009136 进行搜索，使用 R 语言中 t.test 函数计算样本间的差异显著性 P 值，根据差异倍数小于 0.83（蛋白质表达下调）或大于 1.2（蛋白质表达上调）筛选表达变化明显的差异蛋白。

6.1.3.2 肝、脾组织蛋白质及差异蛋白的生物信息学分析

通过 GO 数据库（http://www.geneontology.org/），将鉴定的全部蛋白质进行分类注释，从其参与的生物学过程（biological process，BP）、细胞组分（cellular component，CC）、分子功能（molecular function，MF）3 个方面对肝、脾组织各自的差异表达蛋白质进行 GO 注释的统计。以普通牛样本为对照，使用软件 Goatools（Klopfenstein et al.，2018）对肝、脾组织各自的差异蛋白进行 GO 功能显著性富集分析，使用方法为 Fisher 精确检验。使用检验方法 Bonferroni 对 P 值进行校正从而控制计算的假阳性率，当经过校正的 P 值（P_bonferroni）≤0.05 时，认为此 GO 功能存在显著富集情况。本研究为差异分析，因此选取 $P<0.01$ 的显著富集条目进行分析并绘制相应的条形图。

KEGG 公共数据库（http://www.genome.jp/kegg/）将不同蛋白质之间通过有序的相互协调行使其具体的生物学功能来进行通路注释。针对肝、脾组织各自的差异蛋白，以普通牛为对照，在 KEGG 通路图上将各自的差异蛋白注释显示在其中，展示与所研究差异蛋白相关的 KEGG 注释通路图。KEGG 通路富集分析使用 KOBAS（http://kobas.cbi.pku.edu.cn/kobas3）进行，使用 Fisher 方法进行精确检验计算，采用 BH（FDR，即伪发现率）方法进行多重检验从而控制计算的假阳性率，0.05 为经过校正的 P 值（corrected P value）阈值，若 KEGG 通路满足此条件，则定义此通路为在差异表达蛋白中显著富集的 KEGG 通路，绘制条形图或通过表格形式对所富集的通路进行描述。

6.1.3.3 PRM 验证分析实验及数据处理

前期实验与 iTRAQ 一致，使用 EASY-nLC1000 超高效液相系统进行分离。A

相：0.1%甲酸和 2%乙腈的水溶液；B 相：0.1%甲酸和 90%乙腈的水溶液；流速：300nL/min；其梯度见表 6.3。

表 6.3　EASY-nLC1000 液相梯度

时间（min）	B 相的质量分数（%）
0～38	7～25
38～52	25～36
52～56	36～80
56～60	80

将肽段经超高效液相系统分离后注入 NSI 离子源中进行电离，然后进入 Q Exactive^{TM} Plus 质谱仪进行分析。

质谱仪器：Q-Exactive（Thermo，USA）；离子源电压：2.0kV；二级碎片使用阱质谱（orbitrap）进行检测和分析；MS 扫描范围（m/z）350～1300，采集模式 DIA；一级质谱分辨率 70 000，碎裂方式 HCD（能量设置为 27）；二级质谱分辨率 17 500；一级质谱 AGC：3E6, Maximum IT：50ms；二级质谱：1E5, Maximum IT：150ms；Isolation window：1.6m/z。

数据处理肽段参数：蛋白酶为 Trypsin[KR/P]，最大漏切位点数为 0，肽段长度为 7～25 个氨基酸残基，半胱氨酸烷基化设置为固定修饰。

Transition 参数：母离子电荷设置为 2,3，子离子电荷设置为 1，离子类型设置为 b,y。碎片离子选择从第三个开始到最后一个，离子匹配的质量误差容忍度设置为 0.02Da，将所得结果与 iTRAQ 结果进行比较分析。

6.2　结果与分析

6.2.1　肝、脾组织蛋白质的质谱结果

本实验基于 iTRAQ 标记结合 LC-MS/MS 技术对普通牛和瘤牛的肝、脾内的蛋白质进行图谱鉴定分析，结果显示，肝产生 456 346 个光谱，对应 38 382 个唯一肽；脾产生 445 841 个光谱，对应 42 515 个唯一肽。采用 Proteome Discoverer^{TM} Software v2.1 进行查库，以 Peptide FDR ≤0.01 筛选过滤合并后的结果，肝共鉴定到 4592 个蛋白质组，脾 5521 个蛋白质组（表 6.4）。

肝中鉴定到的大多数蛋白质组（78.9%）的分子量在 1～20kDa（575）、21～40kDa（1380）、41～60kDa（1125）、61～80kDa（543）（图 6.2a）。此外，所鉴定到的蛋白质具有相对高的肽覆盖率，其中覆盖率 21%～40%占总数的 23%，显示

出超过覆盖率 6%～10%占总数的 15%的序列覆盖率（图 6.2c）。脾中鉴定到的大多数蛋白质组（74.7%）的分子量在 1～20kDa（660）、21～40kDa（1522）、41～60kDa（1259）、61～80kDa（683）（图 6.2b）。此外，所鉴定到的蛋白质具有相对高的肽覆盖率，其中覆盖率 21%～40%占总数的 24%，显示出超过覆盖率 6%～10%占总数的 16%的序列覆盖率（图 6.2d）。

表 6.4 肝、脾组织内蛋白质鉴定结果

样本	总光谱数	鉴定到的光谱数	肽数	蛋白质数	蛋白质组数
肝	456 346	121 161	38 382	6 805	4 592
脾	445 841	114 764	42 515	8 049	5 521

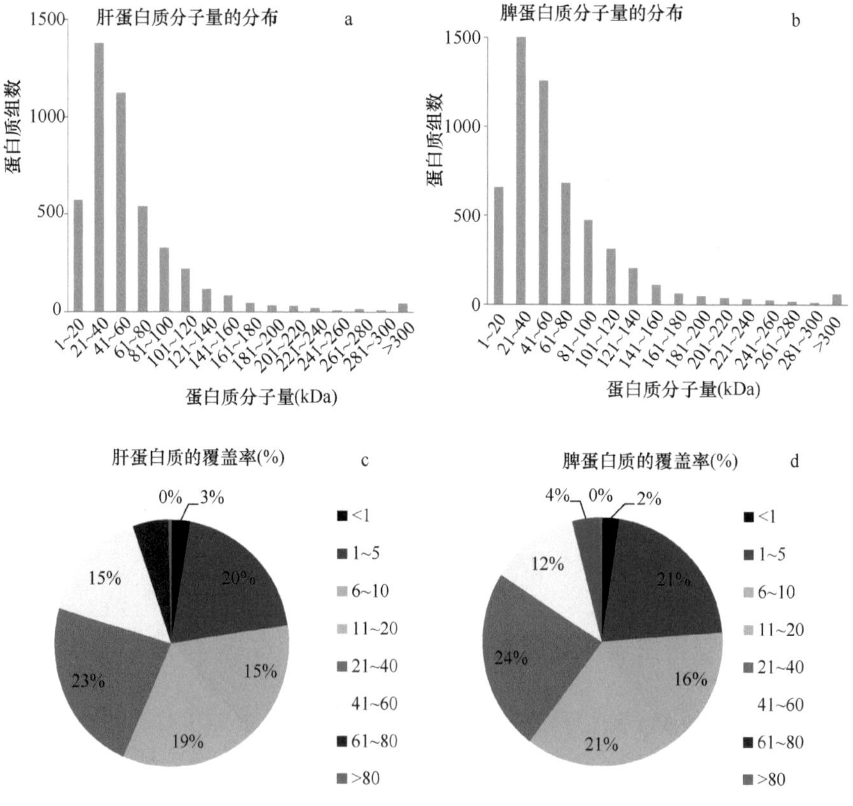

图 6.2 蛋白质的鉴定和分析

6.2.2 差异蛋白分析

使用 R 语言进行筛选蛋白质表达差异分析，差异比值 FC＞1.20（上调）或 FC＜0.83（下调）和显著性 P 值（P＜0.05）为差异蛋白。筛选得到肝组织中存在显著差异的蛋白质总数 197 个，其中普通牛中上调蛋白 70 个，瘤牛中上调蛋白 127 个；脾中存在显著差异的蛋白质总数 142 个，其中普通牛中上调蛋白 65 个，瘤牛中上调蛋白 77 个。其中 FC>1.20 表示普通牛肝或脾组织中的蛋白质表达上调，FC<0.83 表示瘤牛肝或脾组织中的蛋白质表达上调。

6.2.3　蛋白质 GO 功能注释分析

6.2.3.1　肝组织蛋白质的 GO 功能注释

利用 GO 数据库对全谱蛋白质数据进行功能注释分析，结果表明，在肝中共排除了 156 个不匹配的蛋白质，共有 4436 个蛋白质得到归类注释，涉及生物学过程、细胞组分、分子功能三大类 62 小类。在生物学过程中（总数为 24 321），细胞内过程类别（13.5%）最大，其次为单有机体过程类别（12.5%）及代谢过程类别（11.8%）；在细胞组分中（总数为 21 740），细胞类别（16.9%）所占比例最多，其次为细胞部分类别（16.88%）及细胞器类别（15.4%）；在分子功能中（总数为 6002），所占比例最多的是绑定分子类别（46.78%），其次为催化活性类别（32.37%）（图 6.3）。

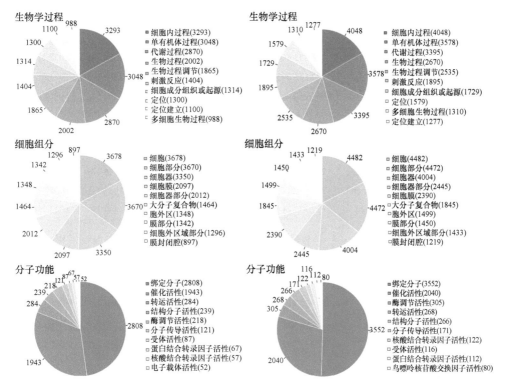

图 6.3　肝（左）、脾（右）组织的部分 GO 功能注释

图中仅显示了 GO 功能注释的部分数据

6.2.3.2　肝组织差异蛋白的 GO 功能注释

对差异表达蛋白质进行 GO 功能注释分析，以普通牛的肝为样本，进行上调和下调蛋白的 GO 注释分析。免疫系统进程中包括 11 个上调蛋白和 4 个下调蛋白（表 6.5），其中 F1MCF8、F1MUU5、E1BMJ0、F1N5T9 蛋白为功能未知蛋白（uncharacterized protein），可为免疫相关蛋白的研究提供一定的参考信息。GO 富集条目（$P \leqslant 0.05$）有 214 条，其中分子功能类有 77 条、细胞组分类 10 条、生物学过程类 127 条。显著富集的（$P<0.01$）有 30 条目（图 6.4），生物学过程占 22条，其中羧酸分解代谢过程（carboxylic acid catabolic process）、有机酸分解代谢过程（organic acid catabolic process）、小分子分解代谢过程（small molecule catabolic process）较显著。细胞组分中线粒体基质（mitochondrial matrix）条目是极显著富集的，在肝细胞中的线粒体具有解毒的功能，对氨气（蛋白质代谢过程中产生的废物）造成的毒害有解毒作用。分子功能中氧化还原酶活性（oxidoreductase activity）、磺基转移酶活性较为显著。

表 6.5　肝组织中 GO 注释的免疫差异蛋白

登录号	蛋白质	得分	覆盖率（%）	单一肽段	倍比（LNL/PNL）	P 值（LNL/PNL）
F1MCF8	uncharacterized protein	272.873 454 8	28.205 128 21	3	0.617 381 897	0.032 238 09
A4FUZ1	lactoylglutathione lyase	182.384 012 2	50.543 478 26	9	0.767 674 113	0.003 573 10
F1MUU5	uncharacterized protein	35.305 898 67	11.305 241 52	9	0.770 960 645	0.001 055 57
Q3MJK3	TRIM	2.540 309 906	2.008 032 129	1	0.551 773 73	0.033 975 02
F6QVC9	annexin	293.226 516 6	66.666 666 67	1	1.408 055 114	0.041 940 59
E1BMJ0	uncharacterized protein	130.482 046 5	21.581 196 58	9	1.285 185 185	0.024 320 78
Q6EWQ6	deoxyhypusine synthase	2.631 016 493	3.523 035 23	1	1.342 056 075	0.026 092 07
F1N5T9	uncharacterized protein	2.124 624 729	1.952 277 657	1	1.239 067 056	0.005 598 40
F1N455	dipeptidyl peptidase 1	177.735 747 1	31.533 477 32	12	1.491 640 306	0.037 539 40
Q08DQ4	serpin peptidase inhibitor, clade B（Ovalbumin），member 9	2.146 436 93	2.406 417 112	1	1.247 787 611	0.025 772 16
F1MQF6	apoptosis-associated speck-like protein-containing a CARD	23.433 001 76	44.102 564 1	1	1.203 261 282	0.031 050 74
F1MJ12	complement C1s subcomponent	54.801 217 08	20.863 309 35	10	1.235 769 075	0.005 146 40
P08814	parathymosin	35.594 938 04	10.784 313 73	1	1.210 504 55	0.009 249 79
A6QPT7	endoplasmic reticulum aminopep-tidase 2	43.131 902 93	7.337 526 205	7	1.409 655 832	0.002 020 92
P13752	BOLA class I histocompatibility antigen, alpha chain BL3-6	41.609 615 33	15.833 333 33	2	2.176 271 188	0.017 978 44

注：LNL/PNL 为瘤牛肝/普通牛肝

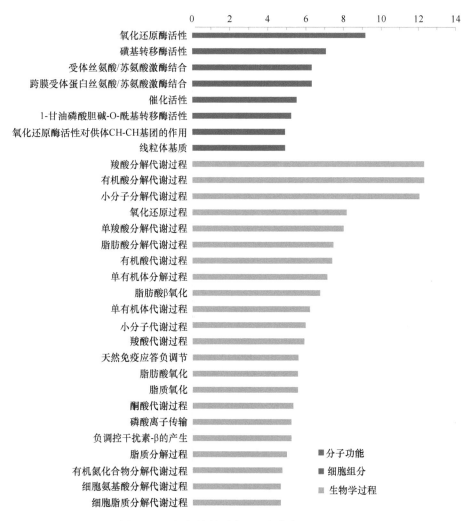

图 6.4　肝组织差异蛋白 GO 富集条目（$P<0.01$）

免疫系统中差异蛋白主要富集的条目有天然免疫应答负调节（negative regulation of innate immune response）、负调控干扰素-β 的产生（negative regulation of interferon-beta production）、负调节 I 型干扰素生产（negative regulation of type I interferon production）、内皮微粒（endothelial microparticle）、参与共生相互作用的其他有机体程序性细胞死亡的调控（modulation of programmed cell death in other organism involved in symbiotic interaction）、宿主凋亡过程的共生负调控（negative regulation by symbiont of host apoptotic process）、自然杀伤细胞介导的细胞毒性保护（protection from natural killer cell mediated cytotoxicity）、肥大细胞介导免疫（mast cell mediated immunity）、NLRP1 炎症复合体（NLRP1 inflammation complex）、

免疫应答的负调节（negative regulation of immune response）等，说明本研究中所发现的这些免疫相关的蛋白质有一定的可靠性，并且在机体中对普通牛和瘤牛的抗病性可能有一定的影响作用。

6.2.3.3 脾组织蛋白质的 GO 功能注释

通过 GO 功能注释分析，在脾中共排除了 192 个不匹配的蛋白质，共有 5329 个蛋白质得到归类注释，涉及 GO 注释三大类 63 小类。在生物学过程中（总数为 31 120），细胞内过程类别（13%）所占比例最多，其次为单有机体过程类别（11.5%）及代谢过程类别（10.9%）；在细胞组分中（总数为 25 988），细胞类别（17.25%）所占比例最多，其次为细胞部分类别（17.2%）及细胞器类别（15.4%）；在分子功能中（总数为 7178），所占比例最多的是绑定分子类别（49.48%），催化活性类别（28.4%）其次（图 6.3）。

6.2.3.4 脾组织差异蛋白的 GO 功能注释

以普通牛的脾为参照样本，进行脾组织差异蛋白的 GO 功能注释分析，结果显示，瘤牛脾在每一个条目注释中的上调蛋白、下调蛋白分布情况基本差不多，免疫系统条目中包括 8 个上调蛋白和 10 个下调蛋白（表 6.6），其中有 9 个为未知蛋白质。这些参与免疫系统的差异蛋白在表达量上有很大的差异，有可能是影响两个类型牛免疫差异的部分原因。GO 富集显示，$P \leqslant 0.05$ 的条目有 215 条，其中分子功能类有 53 条，细胞组分类有 30 条，生物学过程类有 132 条（图 6.5）。极显著（$P<0.01$）的有 54 条，26 条生物学过程中，组蛋白 H3-K27 三甲基化（histone H3-K27 trimethylation）、核小体选位（nucleosome positioning）、受伤反应（response to wounding）较为显著；12 条分子功能中，较为显著的是多配体聚糖结合（syndecan binding）、棕榈酰辅酶 A 水解酶活性（palmitoyl-CoA hydrolase activity）、β-淀粉样蛋白结合（beta-amyloid binding）；16 条细胞组分中，胞外区（extracellular region）、细胞外间隙（extracellular space）较为显著。

表 6.6　脾组织中 GO 注释的免疫差异蛋白

登录号	蛋白质	得分	覆盖率（%）	单一肽段	倍比（LNS/PNS）	P 值（LNS/PNS）
F1MCF8	uncharacterized protein	341.089 669 5	31.623 931 62	4	0.528 464 927	0.005 524 092
F1N009	uncharacterized protein	16.145 431 04	6.077 348 066	1	0.582 439 814	0.003 813 405
F1MJD0	uncharacterized protein	6.454 627 037	14.728 682 17	1	0.797 380 586	0.016 906 901
Q1RMT8	interleukin-1 receptor-associated kinase 4	2.195 764 78	1.735 357 918	1	0.773 684 211	0.000 584 27
G5E513	uncharacterized protein	365.363 370 9	45.076 586 43	6	0.688 874 921	0.028 835 151
G5E5T5	uncharacterized protein	290.013 569 1	48.843 187 66	4	0.696 956 978	0.018 531 905

续表

登录号	蛋白质	得分	覆盖率（%）	单一肽段	倍比（LNS/PNS）	P 值（LNS/PNS）
Q3SX33	Thy-1 cell surface antigen	34.056 794 64	6.832 298 137	1	0.581 282 285	0.018 491 58
P15497	apolipoprotein A-I	326.028 706 1	61.509 433 96	17	0.774 150 743	0.000 434 191
F1MXS8	collagen alpha-1（III）chain	55.117 109 66	6.139 154 161	6	0.787 144 623	0.030 890 198
E1BAD2	uncharacterized protein	21.114 957 57	12.350 597 61	2	0.831 158 455	0.004 635 993
Q2TBH7	ras-related protein Rab-4A	92.848 736 76	31.651 376 15	5	1.206 008 584	0.042 099 245
F1MU42	uncharacterized protein	4.610 203 743	4.038 461 538	1	1.232 464 029	0.038 721 96
E1BIP7	uncharacterized protein	22.804 652 69	14.615 384 62	3	1.735 603 405	0.006 260 956
Q0P5I9	CXCL12 protein	2.579 616 308	15.730 337 08	1	1.204 928 131	0.000 575 62
P46411	excitatory amino acid transporter 1	9.240 224 838	5.535 055 351	2	1.395 372 751	0.009 279 62
F1N7C5	uncharacterized protein	74.370 727 54	28.078 817 73	10	1.586 187 215	0.001 756 887
P13752	BOLA class I histocompatibility antigen，alpha chain BL3-6	144.704 091 7	28.055 555 56	5	1.773 068 67	0.026 997 401
A6QPT7	endoplasmic reticulum aminopeptidase 2	162.833 395 6	28.721 174	26	1.344 583 333	0.009 715 426

注：LNS/PNS 为瘤牛脾/普通牛脾

其中与免疫相关的差异蛋白参与的富集条目有干扰素-γ 生物合成过程的正调控（positive regulation of interferon-gamma biosynthetic process）、B 细胞共刺激（B cell costimulation）、B 细胞活化的正调控（positive regulation of B cell activation）、免疫响应（immune response）、对刺激的响应（response to stimulus）、免疫球蛋白复合物（immunoglobulin complex）、免疫球蛋白受体结合（immunoglobulin receptor binding）、补体激活-经典途径（complement activation，classical pathway）、G 蛋白偶联受体信号通路（G-protein coupled receptor signaling pathway）、慢性炎症反应的正调节（positive regulation of chronic inflammatory response）、吲哚胺 2,3-双加氧酶活性（indoleamine 2,3-dioxygenase activity）、色氨酸 2,3-双加氧酶活性（tryptophan 2,3-dioxygenase activity）等，通过这些功能注释条目可确认与免疫相关的蛋白质的生物学功能。

6.2.4　蛋白质 KEGG 通路分析

6.2.4.1　肝组织差异蛋白的 KEGG 通路分析

在肝差异蛋白的 KEGG 通路分析中，共注释了 125 条通路，其中有 15 条显著富集通路（$P \leqslant 0.05$），这些通路全部为代谢类的通路，显著富集在色氨酸代

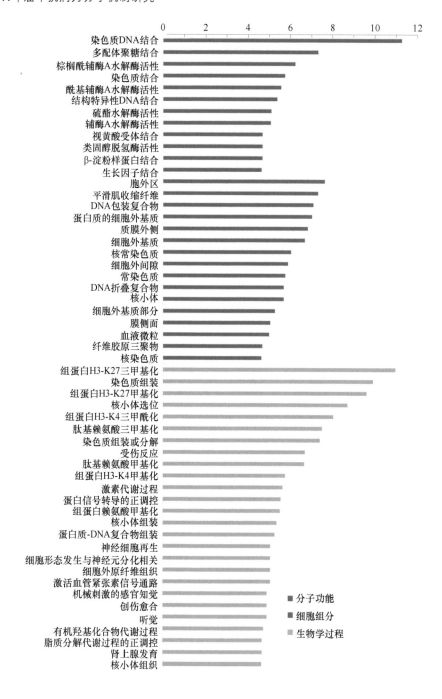

图 6.5 脾组织差异蛋白 GO 富集条目（*P*<0.01）

谢（tryptophan metabolism），β-丙氨酸代谢（beta-alanine metabolism），赖氨酸降解（lysine degradation），缬氨酸、亮氨酸和异亮氨酸降解（valine，leucine and isoleucine degradation），组氨酸代谢（histidine metabolism），丙酮酸代谢（pyruvatemetabolism），以及精氨酸与脯氨酸代谢（arginine and proline metabolism）等通路上（表 6.7）。色氨酸对于体内骨髓 T 淋巴细胞前体分化有促进作用，在机体内主要有两种代谢途径，对巨噬细胞和淋巴细胞的功能有重要作用，通过清除自由基、减少 TNF-α 的产生等对宿主提高免疫力有积极作用，还可以生成褪黑激素，对免疫机能起着重要的作用；β-丙氨酸，是内源咪唑二肽合成的限制性氨基酸，是一种最简单的 β 型氨基酸，具有抗疲劳、提高抗氧化能力和增强肌肉的缓冲能力等作用；赖氨酸可刺激机体免疫系统细胞生长，促进免疫器官的发育，可以减轻肝负担，维持肝功能的稳定性；缬氨酸、亮氨酸和异亮氨酸属于支链氨基酸，动物缺乏支链氨基酸会导致动物免疫球蛋白水平升高、胸腺和脾萎缩、淋巴组织受损；组氨酸通过 NF-κB 和 PPARγ 两条路径可实现抗炎、抗氧化；丙酮酸在保护缺血缺氧及由创伤和感染等所致的组织细胞损伤与重症病例方面具有良好的治疗作用；精氨酸与脯氨酸代谢连接精氨酸、鸟氨酸、脯氨酸、瓜氨酸和谷氨酸的共代谢反应，对维持人体小肠、肝和肾的正常功能发挥着重要作用。这些显著富集的通路体现出了肝功能以代谢为主的特点。

表 6.7　普通牛与瘤牛肝组织显著表达差异蛋白的 KEGG 分析

ID 号	条目	输入数目	背景数目	P 值
ko00380	色氨酸代谢	8	22	0.000 000 36
ko00410	β-丙氨酸代谢	6	14	0.000 003 91
ko00310	赖氨酸降解	6	16	0.000 009 75
ko00280	缬氨酸、亮氨酸和异亮氨酸降解	7	28	0.000 032 9
ko00071	脂肪酸降解	6	20	0.000 041 3
ko00340	组氨酸代谢	4	8	0.000 093 1
ko00053	抗坏血酸和醛酸代谢	4	9	0.000 161 886
ko00620	丙酮酸代谢	5	22	0.000 761
ko00561	甘油脂质代谢	4	13	0.000 800 657
ko00330	精氨酸与脯氨酸代谢	5	24	0.001 147
ko00981	昆虫激素生物合成	2	2	0.001 277 794
ko00010	糖酵解/糖异生发生	4	33	0.022 923 461
ko00860	卟啉与叶绿素代谢	3	19	0.024 641 009
ko00450	硒化合物代谢	2	8	0.028 909 968
ko00982	药物代谢-细胞色素 P450	3	22	0.035 233 826

免疫相关的差异蛋白参与的富集通路有：A4FUZ1 参与的丙酮酸代谢，Q08DQ4 参与的阿米巴病、变形虫病。从 KEGG 富集结果来看，普通牛和瘤牛肝组织主要在功能性氨基酸上存在差异，功能性氨基酸可以促进免疫细胞的增殖，从图 6.6～图 6.8 可以看出，本研究的差异蛋白大多参与到色氨酸代谢通路、缬氨酸、亮氨酸和异亮氨酸降解通路及丙酮酸代谢通路中，除色氨酸代谢通路外，参与到通路中的差异蛋白大多数为瘤牛的下调蛋白，可能这些差异蛋白表达量低，对于牛在某些抗病上有积极作用，说明两种类型牛之间除外形上的差异外，在蛋白质水平上也存在一定的差异，这为研究家牛抗病力提供了一定的参考价值。

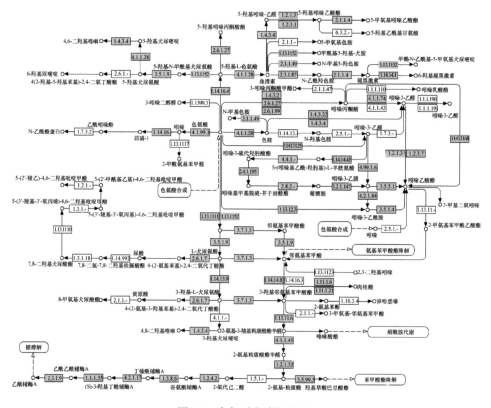

图 6.6 色氨酸代谢通路图

红色或绿色边框的基因产物属于本次检测到的差异蛋白，红色代表瘤牛下调蛋白，绿色代表瘤牛上调蛋白

6.2.4.2 脾组织差异蛋白的 KEGG 通路分析

通过脾差异蛋白的 KEGG 通路分析，共注释了 112 条通路，其中有 9 条显著富集通路（$P \leqslant 0.05$），蛋白质消化吸收（protein digestion and absorption）通路最显著，其次为细胞外基质受体作用（ECM-receptor interaction），代谢类显著富集通路占 5

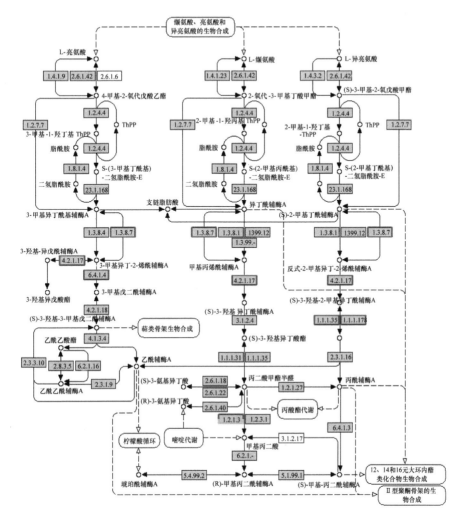

图 6.7 缬氨酸、亮氨酸和异亮氨酸降解通路图
红色或绿色边框的基因产物属于本次检测到的差异蛋白，红色代表瘤牛下调蛋白，绿色代表瘤牛上调蛋白

条，分别是糖胺聚糖降解（glycosaminoglycan degradation）、溶酶体（lysosome）、酪氨酸代谢（tyrosine metabolism）、胆固醇代谢（cholesterol metabolism）、药物代谢-细胞色素 P450（drug metabolism-cytochrome P450）等（表 6.8）。细胞外基质主要是一些多糖和蛋白质或蛋白聚糖，分布在细胞表面或细胞之间，由细胞合成并分泌到胞外的大分子在支持、连接组织结构，维持组织形态，调节细胞黏附、生长、分化，调节组织的发生，以及促进细胞迁移、增殖、离子交换、信息传递及细胞的生理活动等方面有重要作用，为细胞的生存及活动提供适宜的场所。糖胺聚糖作为细胞外基质的主要成分之一，参与黏附、激活或固定各种蛋

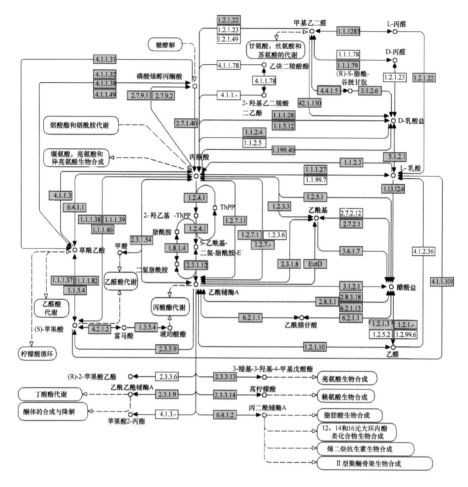

图 6.8　丙酮酸代谢通路图

红色或绿色边框的基因产物属于本次检测到的差异蛋白，红色代表瘤牛下调蛋白，绿色代表瘤牛上调蛋白

表 6.8　普通牛与瘤牛脾组织显著表达差异蛋白的 KEGG 分析

ID 号	条目	输入数目	背景数目	P 值
ko04974	蛋白质消化吸收	3	12	0.002 122
ko04512	细胞外基质受体作用	3	18	0.006 896
ko00531	糖胺聚糖降解	2	8	0.012 953
ko04142	溶酶体	4	50	0.021 687
ko00350	酪氨酸代谢	2	12	0.027 9
ko04979	胆固醇代谢	2	13	0.032 237
ko00982	药物代谢-细胞色素 P450	2	15	0.041 479
ko00604	糖脂生物合成	1	2	0.045 504 35
ko00980	细胞色素 P450 代谢	2	16	0.046 344 41

白质配体等一系列生理、病理过程,如胞外基质组分、生长因子、趋化因子、脂蛋白脂肪酶、蛋白酶抑制剂等协助多蛋白调节免疫系统和止血控制。溶酶体可分解蛋白质、核酸、多糖等生物大分子,主要作用是消化,是细胞内的消化器官,细胞的自溶、防御及对某些物质的利用均与其消化作用有关。酪氨酸在提高代谢延缓疲劳、加强机体清除自由基的能力、降低脂质过氧化、减轻低氧环境下各种生理功能的不良变化及参与体温调节等方面有积极作用,在人体中是具有调节情绪和刺激神经系统的重要氨基酸。胆固醇代谢可以影响 T 细胞的质膜环境及效应功能,通过影响巨噬细胞导致其泡沫化和凋亡从而使动脉粥样硬化斑块稳定与坏死中心形成。细胞色素 P450 是人体内催化外源化合物氧化反应的主要代谢酶,参与了近 90%药物的代谢,对机体有效抵抗外来物质及清除体内废物具有重要作用。

免疫相关的差异蛋白参与的富集通路有:Q1RMT8 参与的 MAPK 信号通路、弓形体病(弓浆虫病)、南美锥虫病(美国锥虫病)、NOD 样受体信号通路、Toll 样受体信号通路、利什曼病(尤指黑热病)、百日咳、结核病、NF-κB 信号通路、(牛、猪的)囊虫病、甲型 H1N1 流感、Toll 和 IMD 信号通路;Q3SX33 参与的白细胞跨内皮迁移;P15497 参与的 PPAR 信号通路、非洲锥虫病、胆固醇代谢、脂肪消化吸收、维生素消化吸收;Q2TBH7 参与的(细胞)内吞作用、内噬作用;Q0P5I9 参与的轴突导向、趋化因子信号通路、细胞因子-细胞因子受体相互作用、NF-κB 信号通路、癌症通路、IgA 产生的肠道免疫网络、白细胞跨内皮迁移;P46411 参与的谷氨酸能突触。这些都是本研究所发现的免疫蛋白参与的代谢通路,证实了脾是一个重要的免疫器官,可以推测脾组织中这些免疫差异蛋白的表达量对两种类型牛间的抗病力差异有一定的影响作用。

从 KEGG 富集分析的图 6.9~图 6.11 来看,在普通牛脾组织中富集在 P<0.05 通路上的差异蛋白在调节细胞生长、分化,促进细胞迁移、信息交换,以及维持正常生命活动中大多表达上调,而在瘤牛脾组织中,富集在 P<0.05 通路上的差异蛋白在免疫调控、疾病防御、加快新陈代谢、抵抗有害物质等方面大多表达上调,说明在普通牛中与生长有关的差异蛋白大多呈现上调趋势,在瘤牛中与免疫相关的蛋白质呈现上调趋势,两种类型牛脾组织间的差异蛋白对于二者间的抗病力差异有一定的影响。同时从图 6.9~图 6-11 可看出,除细胞外基质受体作用通路外,其他通路主要参与的差异蛋白是瘤牛的上调蛋白,由此可推测在脾组织中与免疫相关的蛋白质上调对于机体的抗病性功能有正调控作用。

6.2.5 参与原虫疾病通路的差异蛋白分析

结合 GO 和 KEGG 的分析,发现在肝中最为显著的蛋白质为代谢相关蛋白,

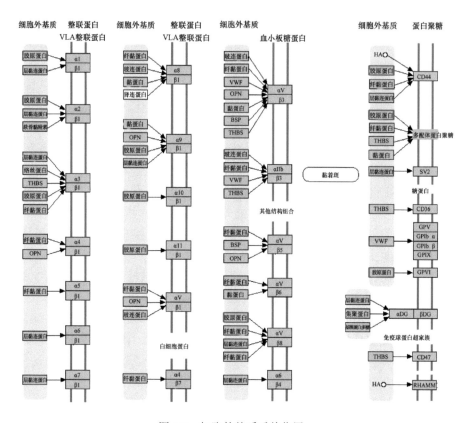

图 6.9　细胞外基质受体作用

红色或绿色边框的基因产物属于本次检测到的差异蛋白,红色代表瘤牛下调蛋白,绿色代表瘤牛上调蛋白。THBS.
血小板反应蛋白;OPN. 骨桥蛋白;BSP. 骨唾液酸蛋白;VWF. 血管性血友病因子;HA. 透明质酸;CD44. CD44
蛋白;SV2. 触小泡蛋白 2;CD36. 脂肪酸转运蛋白;GPV. 血小板膜糖蛋白 V;GPIbα. 血小板膜糖蛋白 Ibα;
GPIbβ. 血小板膜糖蛋白 Ibβ;GPIX. 血小板膜糖蛋白 IX;GPVI. 血小板膜糖蛋白 VI;αDG,βDG. DG 蛋白的两
个亚基;CD47. 整合素相关蛋白;RHAMM. 细胞游走受体

符合肝器官以代谢功能为主的特性,分析这些蛋白质的功能,发现这些代谢类
的蛋白质上调或下调均会引起机体的异常,推测代谢异常对于机体的健康有一
定的影响。分析 GO 富集条目和 KEGG 通路,从非洲锥虫病、变形虫病、疟疾、
美洲锥虫病、弓浆虫病、利什曼病、(牛、猪的)囊虫病等中找到参与原虫疾
病的差异蛋白,这些蛋白质大多以酶的形式参与到免疫反应过程中,如表 6.9
所示。

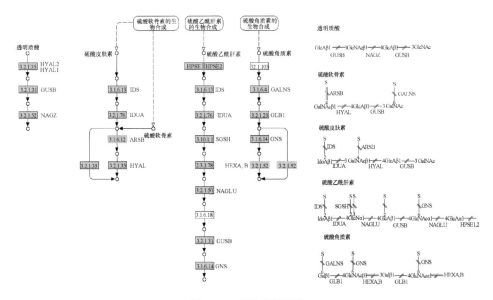

图 6.10 糖胺聚糖降解

红色或绿色边框的基因产物属于本次检测到的差异蛋白，红色代表瘤牛下调蛋白，绿色代表瘤牛上调蛋白。HYAL2. 透明质酸酶 2；HYAL1. 透明质酸酶 1；NAGZ. β-N-乙酰葡糖胺糖苷酶；GUSB. β-葡萄糖苷酸酶；HPSE1. 乙酰肝素酶 1；HPSE2. 乙酰肝素酶 2；IDS. 艾杜糖-2-硫酸酯酶；ARSB. 芳基硫酸酯酶 B；IDUA. α-L 艾杜糖苷酶；HYAL. 透明质酸酶裂解酶；SGSH. 乙酰肝素 N-硫酸酯酶；HEXA,B. β-氨基己糖苷酶 A,B；NAGLU. α-N-乙酰葡糖苷酶；GNS. N-乙酰葡糖糖-6-硫酸酯酶；GLB1. β-半乳糖苷酶 1；GlcNAc. N-乙酰-D-葡萄糖胺；GalNAc. N-乙酰葡糖胺；GALNS. N-乙酰半乳糖胺-6-硫酸酯酶；HPSE1,2. 肝素酶 1,2；GlcAβ1. 葡萄糖醛酸β1；GalNAcβ1. N-乙酰葡糖胺β1；IdoAβ1. L-艾杜糖醛酸β1；GlcNα1. 氨基葡萄糖α1；GlcNAcα1. N-乙酰氨基葡萄糖α1；GlcAα1. D-葡萄糖醛酸α1；Galβ1. 半乳糖苷酶β1；GlcNAcβ1. N-乙酰氨基葡萄糖β1

6.2.6 PRM 验证差异蛋白的结果分析

对在 iTRAQ 分析中鉴定的 12 个差异表达蛋白采用 PRM 验证分析进行鉴定，由于这一分析要求目标蛋白的特征肽是独特的，因此我们只选择具有唯一特征肽序列的蛋白质进行 PRM 分析。本研究选取了肝中 8 个差异蛋白、脾中 4 个差异蛋白，将研究分析结果与 iTRAQ 相比，发现结果基本一致，证明了本次结果的可靠性（表 6.10）。

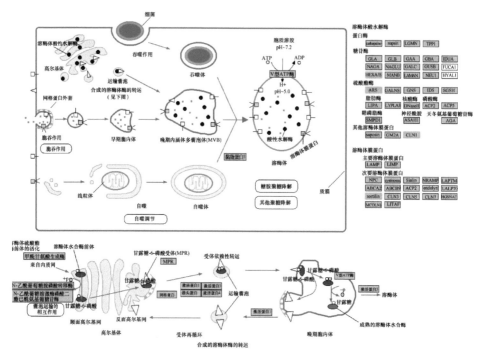

图 6.11 溶酶体

红色或绿色边框的基因产物属于本次检测到的差异蛋白，红色代表瘤牛下调蛋白，绿色代表瘤牛上调蛋白。cathepsin. 组织蛋白酶；+p. 磷酸化；−p. 去磷酸化；napsin. 天冬氨酸蛋白酶；LGMN. 天冬酰胺内肽酶；TPP1. 三肽基肽酶Ⅰ；GLA. 半乳糖苷酶A；GLB. 球蛋白；GAA. 溶酶体α-葡萄糖苷酶；GBA. 葡萄糖脑苷脂酶；IDUA. α-L艾杜糖苷酶；NAGA. a-N-乙酰半乳糖胺酶；NAGLU. N-乙酰α-D-氨基葡萄糖苷酶；GALC. 半乳糖神经酰胺酶；GUSB. β-葡萄糖醛酸酶；FUCA1. α-L-岩藻糖苷酶-1；HEXA/B. 氨基己糖苷酶；MANB. 布鲁氏菌磷酸甘露糖变位酶；LAMAN. 溶酶体α-甘露糖苷酶；NEU1. 唾液酸酶；HYAL1. 透明质酸酶1；ARS. 酸性蛋白酶；GALNS. 乙酰半乳糖胺-6-硫酸酯酶；GNS. N-乙酰葡萄糖胺-6-硫酸酯酶；IDS. 艾杜糖-2-硫酸酯酶；SGSH. N-磺酸基葡萄糖磺基氢化酶；LIPA. 溶酶体酸脂肪酶A；LYPLA3. 溶血磷脂酶Ⅲ；DNaseII. 脱氧核糖核酸酶Ⅱ；ACP2. 溶酶体酸性磷酸酶2；ACP5. 耐酒石酸酸性磷酸酶5；SMPD1. 酸性溶酶体；ASAH1. N-酰基鞘氨醇酰胺水解酶1；AGA. N-丙烯酰氨基葡萄糖；saposin. 脂结合蛋白；GM2A. 神经节苷脂 GM2 激活物；LAMP. 溶酶体相关膜蛋白；LIMP. 溶酶体整合膜蛋白；NPC. NPC 家族蛋白；cystinosin. L-胱氨酸转运蛋白；Sialin. 钠依赖性无机磷酸盐转运蛋白；NRAMP. 自然抗性相关巨噬细胞蛋白；LAPTM. 溶酶体相关跨膜蛋白质家族；ABCA2. ATP 结合盒转运子2；ABCB9. ATP 结合盒转运蛋白B9；endolyn. 唾液酸黏蛋白；sortilin. 分拣蛋白；HGSNAT. 乙酰肝素-α-氨基葡萄糖苷乙酰转移酶；LITAF. 肿瘤坏死因子诱导蛋白；MCOLN1. Fe²⁺通道蛋白；CLN1. 蜡样质脂褐质沉积症神经元蛋白1；CLN3. 蜡样质脂褐质沉积症神经元蛋白3；CLN5. 蜡样质脂褐质沉积症神经元蛋白5；CLN7. 蜡样质脂褐质沉积症神经元蛋白7

表 6.9　参与原虫疾病通路的差异蛋白

登录号	蛋白质名称	基因	差异倍数	序列覆盖率（%）	P 值（瘤牛/普通牛）	功能
E1BPE1	indoleamine 2, 3-dioxygenase 2	IDO2	1.253 98	25.307 125	0.000 403 2	非洲锥虫病、色氨酸代谢
Q1JPJ8	thimet oligopeptidase	THOP1	0.717 09	53.129 549	0.008 240 4	非洲锥虫病

续表

登录号	蛋白质名称	基因	差异倍数	序列覆盖率（%）	P 值（瘤牛/普通牛）	功能
Q08DQ4	serpin family B member 9	SERPINB9	1.247 79	2.406 417	0.025 772 2	变形虫病
Q08DZ5	syndecan-1	SDC1	1.229 75	4.823 151	0.003 173 5	疟疾、细胞外基质受体作用、细胞黏附分子、癌症中的蛋白聚糖
P15497	apolipoprotein A-I	APOA1	0.774 15	61.509 434	0.000 434 2	非洲锥虫病、PPAR 信号通路、脂肪消化吸收
P02453	collagen alpha-1（Ⅰ）chain	COL1A1	0.690 61	13.807 245	0.033 896 8	变形虫病、PI3K-Akt 信号通路、黏着斑、细胞外基质受体作用、蛋白质消化吸收
F6QPE0	platelet and endothelial cell adhesion molecule 1	PECAM1	2.533 60	4.336 043	0.007 944 2	疟疾、对刺激的响应、受伤反应
Q1RMT8	interleukin-1 receptor-associated kinase 4	IRAK4	0.773 68	1.735 358	0.000 584 3	美洲锥虫病、弓浆虫病、利什曼病、囊虫病、NF-κB 信号通路、甲型流感、细胞凋亡、Toll 样受体信号通路

表 6.10　PRM 验证结果

蛋白质登录号	基因	LNL/PNL	P 值（LNL/PNL）	LNS/PNS	P 值（LNS/PNS）
F1MTT7	ECI1	6.50	4.01E-03		
P20000	ALDH2	1.61	1.02E-01		
A6QQT4	ALDH3A2	0.55	7.72E-03		
A7Z066	canx	0.67	8.42E-02		
Q3ZC84	CNDP2	0.73	1.01E-01		
Q58DM8	ECHS1	1.55	1.90E-02		
Q5GF34	UBA7	0.53	1.15E-02	0.90	5.61E-01
P41976	SOD2	1.52.	9.83E-02	1.86	1.80E-03
P48616	VIM			1.67	2.20E-02
P21793	DCN			1.47	7.68E-01
P15497	APOA1			1.58	4.18E-02
Q76I5	RETN			11.86	2.76E-02

注：LNL/PNL 为瘤牛肝/普通牛肝，LNS/PNS 为瘤牛脾/普通牛脾

6.3　讨　论

　　本研究在肝组织中筛选到差异蛋白 197 个，普通牛上调蛋白 70 个，其中 Q1JQD3、F1MTT7、F1MHN9、F1MG20 蛋白质的差异倍数较大，GO 注释与代谢有关；瘤牛上调蛋白 127 个，其中 F1MTX7、Q9N285、F1N6N4、F1MEU8、

Q17QV7 蛋白质的差异倍数较大，GO 注释与代谢有关，且在 KEGG 通路中显著富集到的 15 条通路均为代谢类通路，符合肝这个器官以代谢功能为主的特性。在差异蛋白的 GO 分类注释中，与瘤牛相比，普通牛上调蛋白较多，免疫系统进程中有 11 个上调蛋白和 4 个下调蛋白，这些参与免疫的蛋白质在机体中均参与了机体的抗病性调控。在 KEGG 通路中，瘤牛参与的与免疫信号通路相关的上调蛋白为 Q08DQ4（serpin family B member 9）和下调蛋白 A4FUZ1（lactoylglutathione lyase）两种蛋白质。Q08DQ4 是一种 caspase-1 内源性抑制剂，即丝氨酸蛋白酶抑制剂 B9（serpinB9），是进化上保守的蛋白质，可通过独特的"自杀抑制"机制限制蛋白酶活性，从而形成共价结合的蛋白酶-serpin 复合物（Whisstock and Bottomley，2006）。serpinB9 是细胞毒性效应蛋白颗粒酶 B（GrB）的主要抑制剂（Annand et al.，1999；Rizzitelli et al.，2012），在细胞毒性 T 细胞（CTL）和 NK 细胞的核浆中表达，在免疫应答过程中用于保护细胞（Hirst et al.，2003；Zhang et al.，2006a；Ansari et al.，2010），调节细胞凋亡、炎症和细胞迁移等细胞过程（Izuhara et al.，2008；Kaiserman and Bird，2010）。A4FUZ1 乳糖基谷胱甘肽裂解酶（GLO1）是一种广泛表达的甲基乙二醛（MG）解毒酶，与人类多种恶性肿瘤的发生发展密切相关。在小鼠纤维肉瘤中 GLO1 的过表达和核转位可能与肿瘤进展有关（Wang et al.，2014）。在这两种免疫蛋白中，Q08DQ4 参与了多个与免疫相关的 GO 富集条目，可确定为免疫相关蛋白质，并且富集到非洲锥虫病通路中，可推测该蛋白质的高表达影响瘤牛对锥虫病的抵抗；A4FUZ1 下调，推测在普通牛和瘤牛间的不同表达量对二者的抗病性差异有影响。

在肝组织差异蛋白的 KEGG 通路中，主要富集到色氨酸代谢，β-丙氨酸代谢，赖氨酸降解，缬氨酸、亮氨酸和异亮氨酸降解，组氨酸代谢，丙酮酸代谢，以及精氨酸与脯氨酸代谢等通路，显著富集的通路均为代谢类通路，推测普通牛和瘤牛抵抗力差异上的部分原因是二者在肝组织中的代谢差异，代谢的紊乱会影响机体的正常活动。在这些显著富集的通路中，P20000、A6QQT4、Q2KJH9、Q58DM8、Q3ZC84 蛋白质几乎富集到每一条代谢通路中，P20000 线粒体乙醛脱氢酶 2（ALDH2）是一种负责活性醛解毒的酶（Ohta et al.，2004；Marchitti et al.，2007），可通过保护线粒体完整性和沉默信息调节因子 3（SIRT3）功能，抑制胰岛素抵抗引起的心肌收缩功能障碍（Hu et al.，2016）。SIRT3 是线粒体的第Ⅲ类组蛋白脱乙酰酶（HDAC）家族的 sirtuin 家族蛋白之一（Xue et al.，2012），可作为线粒体压力传感器，调节线粒体蛋白质的代谢（Pillai et al.，2010；Matsushima and Sadoshima，2015）。ALDH2 在晚期糖尿病、心肌病中的收缩功能和自噬作用方面也具有积极的作用（Zhang et al.，2012；Guo et al.，2015），自噬是降解功能失调大分子和溶酶体过程的主要途径，缺乏 ALDH2 会加重糖尿病引起的心肌葡萄糖摄取不足和代谢谱的其他紊乱，提示 ALDH2 突变易受糖尿病损害（Wang et al.，

2016）。此外，据报道，ALDH2 可以抑制炎症反应，调节动脉粥样硬化斑块的形成，而动脉粥样硬化斑块的形成间接影响心脏功能（Pan et al.，2016）。A6QQT4、ALDH3A2 在脂质过氧化和乙醇代谢产物醛的解毒中起着重要作用（Vasiliou et al.，2000），在啮齿类动物中 Aldh3a2 被胰岛素上调，在糖尿病中被下调（Demozay et al.，2004）。Q2KJH9、4-trimethylammoniobutyraldehyde dehydrogenase 属于氧化还原酶家族，参与赖氨酸降解和肉毒碱的生物合成（Smith et al.，1995）。Q58DM8、ECHS1 为一个 1.4kb 的 mRNA，在肝细胞、成纤维细胞和心肌细胞中均有表达。据报道，氧化应激的持续积累和线粒体膜去极化是线粒体介导的凋亡途径的一部分（Kim et al.，2005），ECHS1 和 PRDX3 的下调可能在功能上损害线粒体的完整性，进而激活和诱导凋亡（Liu et al.，2010a）。ECHS1 作用于缬氨酸途径的甲基丙烯酰辅酶 A（methacrylyl-CoA）和丙烯酰辅酶 A（acryloyl CoA），由奇链的交替途径进入缬氨酸途径（Peters et al.，2015），同时在 ECHS1 缺陷患者（ECHS1D）的血浆和尿液中检测到缬氨酸途径的代谢物，说明缬氨酸代谢至关重要，而不是亮氨酸或异亮氨酸代谢（Ferdinandusse et al.，2015；Yamada et al.，2015）。Q3ZC84、CNDP2、细胞质非特异性二肽酶 2 又称类谷氨酸羧肽酶，研究裸鼠胃肿瘤时发现 CNDP2 的异位表达可显著抑制细胞增殖，诱导细胞凋亡和细胞周期阻滞，从而抑制裸鼠胃肿瘤的生长，CPGL-B 亚型在肝细胞癌中表达下调，并能抑制肝癌细胞的存活、集落形成和侵袭（Zhang et al.，2014），研究表明，CNDP2 的缺失在胰腺癌中起抑癌基因的作用（Zhang et al.，2006b），抑制胰腺癌细胞的增殖，诱导 G0/G1 细胞周期阻滞，抑制胰腺癌细胞株的迁移（Lee et al.，2012）。研究表明，这些差异蛋白几乎参与了每一条显著富集的代谢通路，是肝中影响代谢的关键蛋白质，代谢的正常与否关乎着动物的健康，蛋白质的异常是造成某些疾病的关键因素，说明这些差异蛋白与宿主防御功能有一定的联系，可为之后研究动物疾病潜在的蛋白质治疗靶点提供参考信息。

根据脾的 GO 和 KEGG 通路分析，在脾（免疫器官）的免疫系统中发现了 9 个功能未知蛋白质，这些蛋白质的发现可为继续研究与免疫相关的蛋白质奠定基础。同时参与 GO 和 KEGG 通路的免疫相关蛋白质是 P15497 和 Q1RMT8，其中 P15497（apolipoprotein A-I）即载脂蛋白 A-I，可调节巨噬细胞的脂质代谢和炎症。内源性 apoA-I 基因在人单核细胞和巨噬细胞中适度表达，提示 ApoA-I 在炎症发生过程中可能在巨噬细胞（免疫细胞）中受到正调控（Shavva et al.，2018），说明载脂蛋白 A-I 参与了免疫调节。此外，有证据指出，宿主以活化巨噬细胞的形式形成的先天免疫是造成锥虫耐受性的关键（Liu et al.，2015）。Q1RMT8（interleukin-1 receptor-associated kinase 4），即白细胞介素-1 受体（IL-1R）相关激酶-4（IRAK-4），是 IL-1R 和 Toll 样受体信号诱导的多种反应所必需的。Lye 等（2004）通过用野生型或无激酶活性的 IRAK-4 重组 IRAK-4 缺陷细胞，证明 IRAK-4

的激酶活性是 IL-1 诱导信号的最佳转导途径，包括 IRAK-1、NF-κB 和 JNK 的激活与炎症细胞因子的最佳诱导。通过与 ZAP-70 结合，证明 IRAK-4 是 T 细胞受体（TCR）诱导 NF-κB 激活的必要条件（Suzuki et al.，2006），IRAK-4 作为一种真正的激酶传递 TIR 信号，研究中清楚地表明 IRAK-4 的激酶活性是生理功能所必需的，而 IRAK-4 的激酶活性是治疗感染性疾病和脓毒性休克的良好靶点，不会引起获得性免疫反应（Kawagoe et al.，2007）。P15497 和 Q1RMT8 两种蛋白质在瘤牛中均为下调蛋白，同时均富集到锥虫病代谢通路中，之前的研究已证实，普通牛对于锥虫病的抗性强于瘤牛，推测这两种蛋白质在瘤牛中的表达量低会影响其对锥虫病的抗性，这两种蛋白质不仅参与了免疫通路，还参与了原虫信号通路，说明本研究所找到的这些蛋白质不仅影响机体的免疫调控，对于普通牛和瘤牛对原虫疾病的抵抗性也有影响，说明普通牛和瘤牛在抵抗力方面存在很大的差异。

　　肝组织中，参与到非洲锥虫病、变形虫病、疟疾信号通路等的差异蛋白有 E1BPE1（indoleamine 2,3-dioxygenase 2）、Q1JPJ8（thimet oligopeptidase）、Q08DQ4（serpin family B member 9）、Q08DZ5（syndecan-1）。其中 E1BPE1，吲哚胺 2,3-双加氧酶（IDO2）是一种色氨酸（Trp）分解酶，在妊娠、移植及感染和抗癌等中参与免疫抑制（Liu et al.，2010b），位于代谢与免疫的交界处，通过与 T 细胞的相互作用发现 IDO2 调节 T 细胞的潜能及在 B 细胞中的重要致病作用，从而促进自身抗体的产生（Merlo et al.，2016，2017）；Q1JPJ8，甲拌磷寡肽酶（thimet oligopeptidase，TOP），通过破坏细胞质中的抗原肽或前体，抑制它们在 MHC 分子上的表达，有研究表明，TOP 的活性可限制抗原在细胞表面的表达（Kim et al.，2003；York et al.，2003），同时 TOP 也是一种细胞内代谢多肽酶，可影响抗原递呈和 G 蛋白偶联受体信号转导（Berti et al.，2009）。Q08DZ5，多配体（蛋白）聚糖可以调节炎症性疾病趋化因子的产生和活性，炎症性肠病患者的肠黏膜修复功能受损是因为 syndecan-1 表达减少，肿瘤坏死因子 α、ccl 3 和 vcm-1 表达增加，黏膜修复受损，死亡率高（Day and Forbes，1999）。syndecan-1 与许多介导和调节炎症反应的因素结合在一起（Bartlett et al.，2007），通过其胞外结构域与 αvβ3 和 αvβ5 整合素结合，调节表达这些整合素细胞的黏附、扩散和侵袭（Beauvais et al.，2009），此外，syndecan-1 在炎症、癌症和感染的发展中也起着重要的作用，是这些疾病发病过程中的关键辅助因子（Teng et al.，2012）。在本研究上述这些蛋白质中，仅 Q1JPJ8 为瘤牛下调蛋白，参与锥虫病代谢通路，推测其在瘤牛中的表达量低是瘤牛低抵抗力的原因之一，免疫调节中可能呈现负调节。E1BPE1、Q08DQ4、Q08DZ5 为瘤牛上调蛋白，其中 E1BPE1 参与锥虫病的代谢通路，推测该蛋白质高表达影响了瘤牛对锥虫病的抗性，说明在两种牛中免疫相关蛋白质的差异表达将影响二者的抗病性。脾组织中，参与非洲锥虫病、变形虫病、疟疾、美洲锥虫病、弓浆虫病、利什曼病、囊虫病信号通路等的差异蛋白有 P15497、

P02453、F6QPE0、Q1RMT8。其中 P02453 是一种细胞外基质蛋白，由于它在细胞表面的位置及其在肿瘤生长中的作用，可作为乳腺癌的一种生物标志物（Othman et al.，2008）。F6QPE0（platelet endothelial cell adhesion molecule 1），即血小板内皮细胞黏附分子 1（PECAM 1），是免疫球蛋白（Ig）超家族的 130kDa 成员，表达于循环血小板、内皮细胞、中性粒细胞、单核细胞和某些 T 淋巴细胞亚群，PECAM-1 的胞外结构域也是某些恶性疟原虫感染的红细胞与内皮细胞的入口（Treutiger et al.，1997；Chen et al.，2000），在炎症期导致白细胞外溢的黏附级联中起着关键作用，可调节血小板对胶原蛋白的反应，并使这一抑制性受体家族中的新成员参与到调节原发性止血中（Patil et al.，2001）。

　　总之，本研究除找到一些与免疫相关的蛋白质外，还找到了 4 个与锥虫病相关的蛋白质（Q1JPJ8、E1BPE1、Q08DQ4、Q08DZ5），这些蛋白质大多以酶的形式直接或间接地影响着机体的免疫系统，从而影响机体的抗病性，对这些蛋白质的进一步研究可为提高家牛疾病防御能力提供理论基础。

参 考 文 献

Annand R R, Dahlen J R, Sprecher C A, et al. 1999. Caspase-1 (interleukin-1β-converting enzyme) is inhibited by the human serpin analogue proteinase inhibitor 9. Biochemical Journal, 342: 655-665.

Ansari A W, Temblay J N, Alyahya S H, et al. 2010. Serine protease inhibitor 6 protects iNKT cells from self-inflicted damage. The Journal of Immunology, 185: 877.

Bartlett A H, Hayashida K, Park P W. 2007. Molecular and cellular mechanisms of syndecans in tissue injury and inflammation. Molecules & Cells, 24: 153-166.

Beauvais D M, Ell B J, McWhorter A R, et al. 2009. Syndecan-1 regulates αvβ3 and αvβ5 integrin activation during angiogenesis and is blocked by synstatin, a novel peptide inhibitor. Journal of Experimental Medicine, 206: 691-705.

Berti D A, Morano C, Russo L C, et al. 2009. Analysis of intracellular substrates and products of thimet oligopeptidase in human embryonic kidney 293 cells. Journal of Biological Chemistry, 284: 14105-14116.

Chen Q, Heddini A, Barragan A, et al. 2000. The semiconserved head structure of *Plasmodium falciparum* erythrocyte membrane protein 1 mediates binding to multiple independent host receptors. Journal of Experimental Medicine, 192: 1-10.

Chen S, Lin B Z, Baig M, et al. 2010. Zebu cattle are an exclusive legacy of the South Asia Neolithic. Molecular Biology and Evolution, 27: 1-6.

Day R, Forbes A. 1999. Heparin, cell adhesion, and pathogenesis of inflammatory bowel disease. Lancet, 354: 62-65.

Demozay D, Rocchi S, Mas J C, et al. 2004. Fatty aldehyde dehydrogenase: potential role in oxidative stress protection and regulation of its gene expression by insulin. Journal of Biological Chemistry, 279: 6261-6270.

Ferdinandusse S, Friederich M W, Burlina A, et al. 2015. Clinical and biochemical characterization of four patients with mutations in ECHS1. Orphanet Journal of Rare Diseases, 10: 79.

Hirst C E, Buzza M S, Bird C H, et al. 2003. The intracellular granzyme B inhibitor, proteinase inhibitor 9, is up-regulated during accessory cell maturation and effector cell degranulation, and its overexpression enhances ctl potency. The Journal of Immunology, 170: 805-815.

Hu N, Ren J, Zhang Y. 2016. Mitochondrial aldehyde dehydrogenase obliterates insulin resistance-induced cardiac dysfunction through deacetylation of PGC-1α. Oncotarget, 7: 76398-76414.

Izuhara K, Ohta S, Kanaji S, et al. 2008. Recent progress in understanding the diversity of the human ov-serpin/clade B serpin family. Cellular & Molecular Life Sciences, 65: 2541-2553.

Kaiserman D, Bird P I. 2010. Control of granzymes by serpins. Cell Death & Differentiation, 17: 586-595.

Kawagoe T, Sato S, Jung A, et al. 2007. Essential role of IRAK-4 protein and its kinase activity in Toll-like receptor-mediated immune responses but not in TCR signaling. Journal of Experimental Medicine, 204: 1013-1024.

Kim R, Emi M, Tanabe K. 2005. Caspase-dependent and -independent cell death pathways after DNA damage (Review). Oncology Reports, 14: 595.

Kim S I, Pabon A, Swanson T A, et al. 2003. Regulation of cell-surface major histocompatibility complex class I expression by the endopeptidase EC3.4.24.15 (thimet oligopeptidase). Biochemical Journal, 375: 111-120.

Klopfenstein D V, Zhang L, Pedersen B S, et al. 2018. GOATOOLS: a Python library for gene ontology analyses. Scientific Reports, 8: 10872.

Lee J H, Giovannetti E, Hwang J H, et al. 2012. Loss of 18q22.3 involving the carboxypeptidase of glutamate-like gene is associated with poor prognosis in resected pancreatic cancer. Clinical Cancer Research, 18: 524.

Liu G, Sun D, Wu H, et al. 2015. Distinct contributions of CD4+ and CD8+ T cells to pathogenesis of *Trypanosoma brucei* infection in the context of gamma interferon and interleukin-10. Infection & Immunity, 83: 2785-2795.

Liu X, Feng R, Du L. 2010a. The role of enoyl-CoA hydratase short chain 1 and peroxiredoxin 3 in PP2-induced apoptosis in human breast cancer MCF-7 cells. FEBS Letters, 584: 3185-3192.

Liu X, Yang G, Wang Q, et al. 2010b. 660 Discovery of a novel series of indoleamine 2, 3-dioxygenase 2 (IDO2) selective inhibitors for probing IDO2 function in cancer. European Journal of Cancer Supplements, 8: 206.

Lye E, Mirtsos C, Suzuki N, et al. 2004. The role of interleukin 1 receptor-associated kinase- 4 (IRAK-4) kinase activity in IRAK-4-mediated signaling. Journal of Biological Chemistry, 279: 40653-40658.

Marchitti S A, Deitrich R A, Vasiliou V. 2007. Neurotoxicity and metabolism of the catecholamine-derived 3, 4-dihydroxyphenylacetaldehyde and 3, 4-dihydroxyphenylglycolaldehyde: the role of aldehyde dehydrogenase. Pharmacological Reviews, 59: 125-150.

Matsushima S, Sadoshima J. 2015. The role of sirtuins in cardiac disease. American Journal of Physiology Heart & Circulatory Physiology, 309: H1375.

Merlo L M, Duhadaway J B, Grabler S, et al. 2016. IDO2 modulates T cell-dependent autoimmune responses through a B cell-intrinsic mechanism. The Journal of Immunology, 196: 4487.

Merlo L M, Grabler S, DuHadaway J B, et al. 2017. The role of the immunomodulatory enzyme indoleamine 2, 3-dioxygenase 2 (IDO2) in initiation, development, and treatment of autoimmune disorders. Journal of Immunology, 198: 54.2.

Ohta S, Ohsawa I, Kamino K, et al. 2004. Mitochondrial ALDH2 deficiency as an oxidative stress. Mitochondrial Pathogenesis: From Genes and Apoptosis to Aging and Disease, 1011: 36-44.

Othman M I, Majid M I, Singh M, et al. 2008. Isolation, identification and quantification of differentially expressed proteins from cancerous and normal breast tissues. Annals of Clinical Biochemistry, 45: 299-306.

Pan C, Xing J, Zhang C, et al. 2016. Aldehyde dehydrogenase 2 inhibits inflammatory response and regulates atherosclerotic plaque. Oncotarget, 7: 35562-35576.

Patil S, Newman D K, Newman P J. 2001. Platelet endothelial cell adhesion molecule-1 serves as an inhibitory receptor that modulates platelet responses to collagen. Blood, 97: 1727-1732.

Peters H, Ferdinandusse S, Ruiter J P, et al. 2015. Metabolite studies in HIBCH and ECHS1 defects: implications for screening. Molecular Genetics & Metabolism, 115: 168-173.

Pillai V B, Sundaresan N R, Jeevanandam V, et al. 2016. Mitochondrial SIRT3 and heart disease. Cardiovascular Research, 88: 250-256.

Rizzitelli A, Meuter S, Vega Ramos J, et al. 2012. Serpinb9 (Spi6)-deficient mice are impaired in dendritic cell-mediated antigen cross-presentation. Immunology & Cell Biology, 90: 841.

Shavva V S, Mogilenko D A, Nekrasova E V, et al. 2018. Tumor necrosis factor α stimulates endogenous apolipoprotein AI expression and secretion by human monocytes and macrophages: Role of MAP-kinases, NF-κB, and nuclear receptors PPARα and LXRs. Molecular and Cellular Biochemistry, 448: 211-223.

Smith C M, Bora P S, Bora N S, et al. 1995. Genetic and radiation-reduced somatic cell hybrid sublocalization of the human GSTP1 gene. Cytogenetic & Genome Research, 71: 235-239.

Suzuki N, Suzuki S, Millar D G, et al. 2006. A critical role for the innate immune signaling molecule IRAK-4 in T cell activation. Science, 311: 1927-1932.

Teng H F, Aquino R S, Park P W. 2012. Molecular functions of syndecan-1 in disease. Matrix Biology, 31: 3-16.

Treutiger C J, Heddini A, Fernandez V, et al. 1997. PECAM-1/CD31, an endothelial receptor for binding *Plasmodium falciparum*-infected erythrocytes. Nature Medicine, 3: 1405-1408.

Vasiliou V, Pappa A, Petersen D R. 2000. Role of aldehyde dehydrogenases in endogenous and xenobiotic metabolism. Chemico-biological Interactions, 129: 1-19.

Wang C, Fan F, Cao Q, et al. 2016. Mitochondrial aldehyde dehydrogenase 2 deficiency aggravates energy metabolism disturbance and diastolic dysfunction in diabetic mice. Journal of Molecular Medicine, 67: 1502.

Whisstock J C, Bottomley S P. 2006. Molecular gymnastics: serpin structure, folding and misfolding. Current Opinion in Structural Biology, 16: 761-768.

Xue L, Xu F, Meng L, et al. 2012. Acetylation-dependent regulation of mitochondrial ALDH2 activation by SIRT3 mediates acute ethanol-induced eNOS activation. Febs Letters, 586: 137-142.

Yamada K, Aiba K, Kitaura Y, et al. 2015. Clinical, biochemical and metabolic characterisation of a mild form of human short-chain enoyl-CoA hydratase deficiency: significance of increased N-acetyl-S-(2-carboxypropyl) cysteine excretion. Journal of Medical Genetics, 52: 691-698.

York I A, Mo A X Y, Lemerise K, et al. 2003. The cytosolic endopeptidase, thimet oligopeptidase, destroys antigenic peptides and limits the extent of MHC class I antigen presentation. Immunity, 18: 429-440.

Wang Y, Kuramitsu Y, Tokuda K, et al. 2014. Proteomic analysis indicates that overexpression and nuclear translocation of lactoylglutathione lyase (GLO1) is associated with tumor progression in murine fibrosarcoma. Electrophoresis, 35: 2195-2202.

Guo Y L, Yu W J, Sun D D, et al. 2015. A novel protective mechanism for mitochondrial aldehyde dehydrogenase (ALDH2) in type i diabetes-induced cardiac dysfunction: role of AMPKregulated autophagy. Biochim Biophys Acta, 1852: 319-331.

Zhang M, Park S M, Wang Y, et al. 2006a. Serine protease inhibitor 6 protects cytotoxic T cells from self-inflicted injury by ensuring the integrity of cytotoxic granules. Immunity, 24: 451-461.

Zhang P, Chan D W, Zhu Y, et al. 2006b. Identification of carboxypeptidase of glutamate like-B as a candidate suppressor in cell growth and metastasis in human hepatocellular carcinoma. Clinical Cancer Research, 12: 6617.

Zhang Y, Babcock S A, Hu N, et al. 2012. Mitochondrial aldehyde dehydrogenase (ALDH2) protects against streptozotocin-induced diabetic cardiomyopathy: role of GSK3β and mitochondrial function. BMC Medicine, 10: 40.

Zhang Z, Miao L, Xin X, et al. 2014. Underexpressed CNDP2 participates in gastric cancer growth inhibition through activating the MAPK signaling pathway. Molecular Medicine, 20: 17.

附　　录

附表　瘤牛和普通牛肝、脾组织 RNA 质量信息表

样品	浓度（μg/uL）	A260/A280	A260/A230	28S/18S	RIN 值
Bi-S15	1.4612	2.00	1.86	2.00	9.10
Bi-L15	1.4375	1.99	1.71	1.30	8.30
Bi-S23	0.6435	1.96	1.74	1.80	8.60
Bi-L23	1.3213	1.98	1.77	1.30	8.30
Bi-S33	1.0004	1.96	1.60	2.00	9.10
Bi-L33	0.5325	1.93	1.68	1.70	8.90
Bi-S48	0.2714	1.96	1.64	1.40	8.50
Bi-L48	0.9655	1.97	1.70	1.40	8.40
Bi-S52	1.1225	1.96	1.19	2.40	9.50
Bi-L52	0.7134	1.94	1.43	1.90	8.90
Bt-S13	0.4785	1.87	1.32	2.10	8.80
Bt-L13	1.0175	1.99	1.72	1.50	8.50
Bt-S24	0.632	1.94	1.72	2.20	9.30
Bt-L24	1.0444	1.97	1.67	1.30	8.30
Bt-S37	0.7079	1.94	1.74	2.20	9.20
Bt-L37	0.9463	1.98	1.71	2.10	9.50
Bt-S47	1.1141	1.99	1.93	1.80	8.90
Bt-L47	0.7595	2.00	1.89	1.80	8.80
Bt-S57	1.0663	1.99	1.55	2.00	9.20
Bt-L57	0.7204	1.96	1.63	1.80	9.20